全国二级建造师执业资格考试历年真题+冲刺试卷

机电工程管理与实务
历年真题+冲刺试卷

全国二级建造师执业资格考试历年真题+冲刺试卷编写委员会　编写

中国建筑工业出版社
中国城市出版社

图书在版编目（CIP）数据

机电工程管理与实务历年真题+冲刺试卷 / 全国二级建造师执业资格考试历年真题+冲刺试卷编写委员会编写. -- 北京：中国城市出版社，2024.9. --（全国二级建造师执业资格考试历年真题+冲刺试卷）. -- ISBN 978-7-5074-3742-3

Ⅰ. TH-44

中国国家版本馆 CIP 数据核字第 20245K5V19 号

责任编辑：李笑然
责任校对：李美娜

全国二级建造师执业资格考试历年真题+冲刺试卷
机电工程管理与实务历年真题+冲刺试卷
全国二级建造师执业资格考试历年真题+冲刺试卷编写委员会　编写
*
中国建筑工业出版社、中国城市出版社出版、发行(北京海淀三里河路9号)
各地新华书店、建筑书店经销
北京鸿文瀚海文化传媒有限公司制版
鸿博睿特(天津)印刷科技有限公司印刷
*
开本：787毫米×1092毫米　1/16　印张：8¾　字数：212千字
2024年9月第一版　　2024年9月第一次印刷
定价：**36.00元**（含增值服务）
ISBN 978-7-5074-3742-3
（904764）

版权所有　翻印必究
如有内容及印装质量问题，请与本社读者服务中心联系
电话：（010）58337283　　QQ：2885381756
（地址：北京海淀三里河路9号中国建筑工业出版社604室　邮政编码：100037）

前　言

众多考生的实践证明，"只看书，不做题"与"只做题，不看书"一样，是考生考试失败的重要原因之一。因此，考生在备考时应注意看书与做题相辅相成，一般应包括教材学习、章节题目练习和考前冲刺三个阶段，其中前两个阶段作为复习的基础阶段，可同步进行。第三个阶段是考生正式参加考试前的冲刺阶段，在此阶段，考生应在规定的时间做一些完整的真题和冲刺试卷，提前适应考试的题型和题量，全面检验自己的学习成果，找出学习的盲点和薄弱内容并在最后阶段进行针对性地弥补，因此，对此阶段应该给予足够的重视。本套丛书即是为满足广大二级建造师考生在考前冲刺阶段复习的需要而编写的。丛书共分7册，分别为：

《建设工程施工管理历年真题+冲刺试卷》

《建设工程法规及相关知识历年真题+冲刺试卷》

《建筑工程管理与实务历年真题+冲刺试卷》

《公路工程管理与实务历年真题+冲刺试卷》

《水利水电工程管理与实务历年真题+冲刺试卷》

《机电工程管理与实务历年真题+冲刺试卷》

《市政公用工程管理与实务历年真题+冲刺试卷》

每册图书均包括本科目2020—2024年5年真题和3套冲刺试卷。真题中的重点题目书中均给出了详细深入的解析，真题可以帮助考生快速适应考试难度，深入领会命题思路和规律。冲刺试卷紧跟近年的命题趋势，涵盖了各科目的考试重点和难点，能帮助考生迅速掌握重要知识，提高实战能力。

希望考生在最后的复习阶段充分利用本书，顺利通过考试！

读者如果对图书中的内容有疑问或问题，可关注微信公众号【建造师应试与执业】，与图书编辑团队直接交流。

建造师应试与执业

目 录

全国二级建造师执业资格考试答题方法及评分说明

2020—2024 年《机电工程管理与实务》真题分值统计

2024 年度全国二级建造师执业资格考试《机电工程管理与实务》真题及解析

2023 年度全国二级建造师执业资格考试《机电工程管理与实务》真题及解析

2022 年度全国二级建造师执业资格考试《机电工程管理与实务》真题及解析

2021 年度全国二级建造师执业资格考试《机电工程管理与实务》真题及解析

2020 年度全国二级建造师执业资格考试《机电工程管理与实务》真题及解析

《机电工程管理与实务》考前冲刺试卷（一）及解析

《机电工程管理与实务》考前冲刺试卷（二）及解析

《机电工程管理与实务》考前冲刺试卷（三）及解析

全国二级建造师执业资格考试答题方法及评分说明

全国二级建造师执业资格考试设《建设工程施工管理》《建设工程法规及相关知识》两个公共必考科目和《专业工程管理与实务》六个专业选考科目（专业科目包括建筑工程、公路工程、水利水电工程、市政公用工程、矿业工程和机电工程）。

《建设工程施工管理》《建设工程法规及相关知识》两个科目的考试试题为客观题。《专业工程管理与实务》科目的考试试题包括客观题和主观题。

一、客观题答题方法及评分说明

1. 客观题答题方法

客观题题型包括单项选择题和多项选择题。对于单项选择题来说，备选项有4个，选对得分，选错不得分也不扣分，建议考生宁可错选，不可不选。对于多项选择题来说，备选项有5个，在没有把握的情况下，建议考生宁可少选，不可多选。

在答题时，可采取下列方法：

（1）直接法。这是解常规的客观题所采用的方法，就是考生选择认为一定正确的选项。

（2）排除法。如果正确选项不能直接选出，应首先排除明显不全面、不完整或不正确的选项，正确的选项几乎是直接来自于考试用书或者法律法规，其余的干扰选项要靠命题者自己去设计，考生要尽可能多排除一些干扰选项，这样就可以提高选择出正确答案的概率。

（3）比较法。直接把各备选项加以比较，并分析它们之间的不同点，集中考虑正确答案和错误答案关键所在。仔细考虑各个备选项之间的关系。不要盲目选择那些看起来、读起来很有吸引力的错误选项，要去误求正、去伪存真。

（4）推测法。利用上下文推测词义。有些试题要从句子中的结构及语法知识推测入手，配合考生自己平时积累的常识来判断其义，推测出逻辑的条件和结论，以期将正确的选项准确地选出。

2. 客观题评分说明

客观题部分采用机读评卷，必须使用2B铅笔在答题卡上作答，考生在答题时要严格按照要求，在有效区域内作答，超出区域作答无效。每个单项选择题只有1个备选项最符合题意，就是4选1。每个多项选择题有2个或2个以上备选项符合题意，至少有1个错项，就是5选2~4，并且错选本题不得分，少选，所选的每个选项得0.5分。考生在涂卡时应注意答题卡上的选项是横排还是竖排，不要涂错位置。涂卡应清晰、厚实、完整，保持答题卡干净整洁，涂卡时应完整覆盖且不超出涂卡区域。修改答案时要先用橡皮擦将原涂卡处擦干净，再涂新答案，避免在机读评卷时产生干扰。

二、主观题答题方法及评分说明

1. 主观题答题方法

主观题题型是实务操作和案例分析题。实务操作和案例分析题是通过背景资料阐述一个项目在实施过程中所开展的相应工作，根据这些具体的工作提出若干小问题。

实务操作和案例分析题的提问方式及作答方法如下：

（1）补充内容型。一般应按照考试用书将背景资料中未给出的内容都回答出来。

（2）判断改错型。首先应在背景资料中找出问题并判断是否正确，然后结合考试用书、相关规范进行改正。需要注意的是，考生在答题时，不能完全按照工作中的实际做法来回答问题，因为根据实际做法作为答题依据得出的答案和标准答案之间可能存在很大差距，即使答了很多，得分也很低。

（3）判断分析型。这类题型不仅要求考生答出分析的结果，还需要通过分析背景资料来找出问题的突破口。需要注意的是，考生在答题时要针对问题作答。

（4）图表表达型。结合工程图及相关资料表回答图中构造名称、资料表中缺项内容。需要注意的是，关键词表述要准确，避免画蛇添足。

（5）分析计算型。充分利用相关公式、图表和考点的内容，计算题目要求的数据或结果。最好能写出关键的计算步骤，并注意计算结果是否有保留小数点的要求。

（6）简单论答型。这类题型主要考查考生记忆能力，一般情节简单、内容覆盖面较小。考生在回答这类型题时要直截了当，有什么答什么，不必展开论述。

（7）综合分析型。这类题型比较复杂，内容往往涉及不同的知识点，要求回答的问题较多，难度很大，也是考生容易失分的地方。要求考生具有一定的理论水平和实际经验，对考试用书知识点要熟练掌握。

2. 主观题评分说明

主观题部分评分采取网上评分的方法进行，为了防止出现评卷人的评分宽严度差异对不同考生产生的影响，每个评卷人员只评一道题的分数。每份试卷的每道题均由两位评卷人员分别独立评分，如果两人的评分结果相同或很相近（这种情况比例很大）就按两人的平均分为准。如果两人的评分差异较大，超过4~5分（出现这种情况的概率很小），就由评分专家再独立评分一次，然后用专家所评的分数和与专家评分接近的那个分数的平均分数为准。

主观题部分评分标准一般以准确性、完整性、分析步骤、计算过程、关键问题的判别方法、概念原理的运用等为判别核心。标准一般按要点给分，只要答出要点基本含义一般就会给分，不恰当的错误语句和文字一般不扣分。

主观题部分作答时必须使用黑色墨水笔书写作答，不得使用其他颜色的钢笔、铅笔、签字笔和圆珠笔。作答时字迹要工整、版面要清晰。因此书写不能离密封线太近，密封后评卷人不容易看到；书写的字不能太粗、太密、太乱，最好买支极细笔，字体稍微书写大点、工整点，这样看起来工整、清晰，评卷人也愿意多给分。

主观题部分作答应避免答非所问，因此考生在考试时要答对得分点，答出一个得分点就给分，说的不完全一致，也会给分，多答不会给分的，只会按点给分。不明确用到什么规范的情况就用"强制性条文"或者"有关法规"代替，在回答问题时，只要有可能，就在答题的内容前加上这样一句话：根据有关法规或根据强制性条文，通常这些是得分点之一。

主观题部分作答应言简意赅，并多使用背景资料中给出的专业术语。考生在考试时应相信第一感觉，往往很多考生在涂改答案过程中，"把原来对的改成错的"这种情形有很多。在确定完全答对时，就不要展开论述，也不要写多余的话，能用尽量少的文字表达出正确的意思就好，这样评卷人看得舒服，考生自己也能省时间。如果答题时发现错误，不建议使用涂改液进行修改，应用笔画个框圈起来，打个"×"即可，然后再找一块干净的地方重新书写。

2020—2024年《机电工程管理与实务》真题分值统计

	命题点		题型	2020年	2021年	2022年	2023年	2024年
第1篇 机电工程技术	第1章 机电工程常用材料与设备	1.1 机电工程常用材料	单项选择题	1				
			多项选择题		2	2	2	2
			实务操作和案例分析题					
		1.2 机电工程常用设备	单项选择题	1				
			多项选择题		2	2	2	2
			实务操作和案例分析题					
	第2章 机电工程专业技术	2.1 机电工程测量技术	单项选择题	1				
			多项选择题	2	2	2	2	4
			实务操作和案例分析题					
		2.2 机电工程起重技术	单项选择题					
			多项选择题		2	2	2	2
			实务操作和案例分析题				6	5
		2.3 机电工程焊接技术	单项选择题					
			多项选择题	2	2	2	2	4
			实务操作和案例分析题	3				
	第3章 建筑机电工程施工技术	3.1 建筑给水排水与供暖工程施工技术	单项选择题		1	1	1	1
			多项选择题	2				
			实务操作和案例分析题			3	4	
		3.2 建筑电气工程施工技术	单项选择题		1	1	1	1
			多项选择题	2				
			实务操作和案例分析题	10		4		12
		3.3 通风与空调工程施工技术	单项选择题		1	1	1	1
			多项选择题	2				
			实务操作和案例分析题	17	6	2	8	
		3.4 智能化系统工程施工技术	单项选择题	1	1	1	1	1
			多项选择题					
			实务操作和案例分析题				6	

续表

命题点		题型	2020年	2021年	2022年	2023年	2024年
第1篇 机电工程技术	第3章 建筑机电工程施工技术						
		3.5 电梯工程安装技术 — 单项选择题	1	1	1	1	1
		3.5 电梯工程安装技术 — 多项选择题					
		3.5 电梯工程安装技术 — 实务操作和案例分析题					
		3.6 消防工程施工技术 — 单项选择题	1	1	1	1	2
		3.6 消防工程施工技术 — 多项选择题					
		3.6 消防工程施工技术 — 实务操作和案例分析题			4	18	9
	第4章 工业机电工程安装技术	4.1 机械设备安装技术 — 单项选择题		1	1	1	1
		4.1 机械设备安装技术 — 多项选择题	2				
		4.1 机械设备安装技术 — 实务操作和案例分析题	6	6		14	10
		4.2 工业管道施工技术 — 单项选择题		1	1	1	1
		4.2 工业管道施工技术 — 多项选择题	2				
		4.2 工业管道施工技术 — 实务操作和案例分析题	9		4	2	4
		4.3 电气装置安装技术 — 单项选择题		1	1	1	1
		4.3 电气装置安装技术 — 多项选择题	2				
		4.3 电气装置安装技术 — 实务操作和案例分析题			5	12	
		4.4 自动化仪表工程安装技术 — 单项选择题	1	1	1	1	
		4.4 自动化仪表工程安装技术 — 多项选择题					
		4.4 自动化仪表工程安装技术 — 实务操作和案例分析题			5	2	8
		4.5 防腐蚀与绝热工程施工技术 — 单项选择题		1	1	1	1
		4.5 防腐蚀与绝热工程施工技术 — 多项选择题					
		4.5 防腐蚀与绝热工程施工技术 — 实务操作和案例分析题			2		
		4.6 石油化工设备安装技术 — 单项选择题		1	1	1	1
		4.6 石油化工设备安装技术 — 多项选择题	2				
		4.6 石油化工设备安装技术 — 实务操作和案例分析题					
		4.7 发电设备安装技术 — 单项选择题		1	1	1	1
		4.7 发电设备安装技术 — 多项选择题	2				
		4.7 发电设备安装技术 — 实务操作和案例分析题				2	
		4.8 冶炼设备安装技术 — 单项选择题					1
		4.8 冶炼设备安装技术 — 多项选择题					
		4.8 冶炼设备安装技术 — 实务操作和案例分析题					

续表

命题点			题型	2020年	2021年	2022年	2023年	2024年
第2篇 机电工程相关法规与标准	第5章 相关法规	5.1 计量的规定	单项选择题	1				
			多项选择题		2	2	2	2
			实务操作和案例分析题				3	
		5.2 建设用电及施工的规定	单项选择题	1				
			多项选择题		2	2	2	2
			实务操作和案例分析题					
		5.3 特种设备的规定	单项选择题	1				
			多项选择题		2	2	2	
			实务操作和案例分析题	6				9
	第6章 相关标准	6.1 建筑机电工程设计与施工标准	单项选择题	1				
			多项选择题		2	2	2	
			实务操作和案例分析题					5
		6.2 工业机电工程设计与施工标准	单项选择题	1				
			多项选择题		2	2	2	2
			实务操作和案例分析题		5	4		
第3篇 机电工程项目管理实务	第7章 机电工程企业资质与施工组织	7.1 机电工程施工企业资质	单项选择题					
			多项选择题					
			实务操作和案例分析题					
		7.2 二级建造师（机电工程）执业范围	单项选择题					
			多项选择题					
			实务操作和案例分析题					
		7.3 施工项目管理机构	单项选择题					
			多项选择题					
			实务操作和案例分析题					
		7.4 施工组织设计	单项选择题	1	2			
			多项选择题					
			实务操作和案例分析题	7	9	5	12	6
	第8章 施工招标投标与合同管理	8.1 施工招标投标	单项选择题		1	1	1	
			多项选择题					
			实务操作和案例分析题		10	3		

续表

	命题点		题型	2020年	2021年	2022年	2023年	2024年
第3篇 机电工程项目管理实务	第8章 施工招标投标与合同管理	8.2 施工合同管理	单项选择题		1	1	1	1
			多项选择题					
			实务操作和案例分析题				5	
	第9章 施工进度管理	9.1 施工进度计划	单项选择题					
			多项选择题					
			实务操作和案例分析题					4
		9.2 施工进度控制	单项选择题	1				
			多项选择题					
			实务操作和案例分析题	6	5	2		4
	第10章 施工质量管理	10.1 施工质量控制	单项选择题	1				
			多项选择题					
			实务操作和案例分析题					4
		10.2 施工质量检验	单项选择题					
			多项选择题					
			实务操作和案例分析题	3				
		10.3 施工质量问题和质量事故处理	单项选择题					
			多项选择题					
			实务操作和案例分析题	8				
	第11章 施工成本管理	11.1 施工成本构成	单项选择题			1		
			多项选择题					
			实务操作和案例分析题					
		11.2 施工成本控制	单项选择题	1			1	1
			多项选择题					
			实务操作和案例分析题					
	第12章 施工安全管理	12.1 施工现场安全管理	单项选择题					
			多项选择题					
			实务操作和案例分析题			11		
		12.2 施工安全实施要求	单项选择题	1				
			多项选择题					
			实务操作和案例分析题				4	

续表

命题点		题型	2020年	2021年	2022年	2023年	2024年
第3篇 机电工程项目管理实务	第13章 绿色施工及现场环境管理						
	13.1 绿色施工	单项选择题	1				
		多项选择题					
		实务操作和案例分析题			6		
	13.2 施工现场环境管理	单项选择题	1		1		1
		多项选择题					
		实务操作和案例分析题				4	
	第14章 机电工程施工资源与协调管理	14.1 施工资源管理	单项选择题			1		1
		多项选择题					
		实务操作和案例分析题	5			4	
		14.2 施工协调管理	单项选择题			1	1	
		多项选择题					
		实务操作和案例分析题			4		
	第15章 机电工程试运行及竣工验收管理	15.1 试运行管理	单项选择题	1		1	1	1
		多项选择题					
		实务操作和案例分析题			4		
		15.2 竣工验收管理	单项选择题			1	1	1
		多项选择题					
		实务操作和案例分析题			6	5	5
	第16章 机电工程运维与保修管理	16.1 运维管理	单项选择题					1
		多项选择题					
		实务操作和案例分析题					
		16.2 保修与回访管理	单项选择题				1	1
		多项选择题					
		实务操作和案例分析题				4	5
合计		单项选择题	20	20	20	20	20
		多项选择题	20	20	20	20	20
		实务操作和案例分析题	80	80	80	80	80

2024年度全国二级建造师执业资格考试

《机电工程管理与实务》

真题及解析

微信扫一扫
查看本年真题解析课

2024年度《机电工程管理与实务》真题

一、单项选择题（共20题，每题1分。每题的备选项中，只有1个最符合题意）

1. 下列施工现场环境管理规定中，属于环境保护措施的是（   ）。
   A. 材料库房保持干燥、清洁、通风良好
   B. 施工通道要有必要的照明措施
   C. 机动车辆不得随意停放或侵占道路
   D. 有毒废弃物不得作为建筑垃圾外运

2. 下列材料管理工作内容中，属于材料使用工作内容的是（   ）。
   A. 分类存放   B. 防止丢失
   C. 定额发料   D. 进场验收

3. 机电工程试运行时，负责设备单机试运行的单位是（   ）。
   A. 施工单位   B. 建设单位
   C. 生产厂家   D. 监理单位

4. 下列文件中，属于机电工程项目运行管理记录的是（   ）。
   A. 压缩机单机试运行记录
   B. 供热管线隐蔽工程检查记录
   C. 锅炉安装工程质量验收记录
   D. 吸收式制冷机组日常维修记录

5. 下列降低施工成本的措施中，属于组织措施的是（   ）。
   A. 成本责任分解   B. 控制人工费用
   C. 应用施工新技术   D. 加强质量检验

6. 干式变压器安装后，紧固件及防松零件抽检的最小比例是（   ）。
   A. 5%   B. 10%
   C. 50%   D. 100%

7. 板厚为1.0mm镀锌钢板风管与角钢法兰连接时，采用的是（   ）。
   A. 连续焊接   B. 咬口连接
   C. 间断焊接   D. 翻边铆接

8. 电梯自检运行合格后，负责电梯整机校验和调试的单位是（   ）。

1

A. 工程监理单位 B. 电梯制造单位
C. 电梯安装单位 D. 检验检测机构

9. 分包方编制的超过一定规模的危大方案，组织专家论证的单位是（ ）。
A. 建设单位 B. 监理单位
C. 总承包单位 D. 分包单位

10. 钢板制作的消防水箱进出水管采用的连接方式是（ ）。
A. 焊接连接 B. 法兰连接
C. 螺纹连接 D. 电热熔接

11. 下列施工工艺中，用于除锈的是（ ）。
A. 脱脂处理 B. 空气喷涂
C. 酸洗处理 D. 钝化处理

12. 对开式滑动轴承装配时，测量轴颈与轴瓦顶间隙的常用方法是（ ）。
A. 压铅法测量 B. 千分表测量
C. 置尺测量 D. 游标卡尺测量

13. 电力架空线路施工程序中拉线安装的紧前工序是（ ）。
A. 测量 B. 架线
C. 立杆 D. 连线

14. 室内埋地排水管道在隐蔽前必须做的试验是（ ）。
A. 严密性试验 B. 灌水试验
C. 水压试验 D. 通球试验

15. 关于工业管道阀门处于关闭状态时，安装做法正确的是（ ）。
A. 与金属管道以焊接方式连接时的阀门
B. 与金属管道以法兰方式连接时的阀门
C. 与非金属管道以电熔连接时附近的阀门
D. 与非金属管道以热熔连接时附近的阀门

16. 确定可燃气体探测器安装位置的主要依据是（ ）。
A. 被测气体的闪点 B. 被测气体的温度
C. 被测气体的密度 D. 被测气体的浓度

17. 关于轧机设置安装时的要求，达到Ⅱ级安装精度的是（ ）。
A. 焊管轧机 B. 平整机
C. 高速线材轧机 D. 板带轧机

18. 金属拱顶罐底板铺设后，首先施焊的焊缝是（ ）。
A. 底板伸缩缝 B. 中幅板长焊缝
C. 中幅板短焊缝 D. 边缘板对接焊缝

19. 锅炉锅筒、集箱找正后拆除临时固定装置的时机是（ ）。
A. 锅炉化学清洗前 B. 锅炉保温施工前
C. 锅炉水压试验前 D. 锅炉蒸汽吹管前

20. 下列符合监控系统主要输入设备安装要求的是（ ）。
A. 涡轮式流量传感器应垂直安装
B. 水管型传感器开孔必须在管道保温之后进行

C. 风管型传感器安装应在风管保温层完成前进行

D. 电磁流量计应安装在流量调节阀的上游

二、**多项选择题**（共10题，每题2分。每题的备选项中，有2个或2个以上符合题意，至少有1个错项。错选，本题不得分；少选，所选的每个选项得0.5分）

21. 下列绝缘体材料中，属于无机绝缘体材料的有（　　）。

    A. 石棉　　　　　　　　　　B. 瓷器

    C. 云母　　　　　　　　　　D. 树脂

    E. 棉纱

22. 下列风机中，属于按排气压强不同分类的有（　　）。

    A. 通风机　　　　　　　　　B. 轴流风机

    C. 鼓风机　　　　　　　　　D. 罗茨风机

    E. 压气机

23. 地下管道放线测设的主要工作内容包括（　　）。

    A. 引测腰桩高程　　　　　　B. 槽口放线

    C. 测设中线控制桩　　　　　D. 恢复中线

    E. 测设附属构筑物控制桩

24. 关于手拉葫芦使用的说法，正确的有（　　）。

    A. 手拉葫芦的施力方向应在链轮平面上

    B. 作业时操作者不得站在被吊物上面操作

    C. 可将下吊钩回扣到起重链条上起吊重物

    D. 不得将重物吊起后停留在空中而离开现场

    E. 吊挂点的承载能力不得低于1.05倍手拉葫芦额定载荷

25. 下列焊接检验方法中，属于无损检测的有（　　）。

    A. 渗透检测　　　　　　　　B. 超声波检测

    C. 射线检测　　　　　　　　D. 泄漏性试验

    E. 耐压试验

26. 下列计量器具中，属于B类计量器具的有（　　）。

    A. 直角尺　　　　　　　　　B. 百分表

    C. 经纬仪　　　　　　　　　D. 万用表

    E. 自准直仪

27. 下列电力设施中，纳入电力线路设备保护范围的有（　　）。

    A. 变压器　　　　　　　　　B. 互感器

    C. 断路器　　　　　　　　　D. 绝缘子

    E. 隔离开关

28. 根据《风力发电工程施工与验收规范》GB/T 51121—2015，当风速为9m/s时可吊装的风电设备有（　　）。

    A. 塔架　　　　　　　　　　B. 风轮

    C. 机舱　　　　　　　　　　D. 叶片

    E. 发电机

29. 下列属于单体设备基础测量的有（　　）。

A. 基础划线　　　　　　　　　　B. 基准点埋设
C. 高程测量　　　　　　　　　　D. 中心标板埋设
E. 横截面测量

30. 下列属于焊缝破坏性检验方法的有（　　）。
A. 拉伸试验　　　　　　　　　　B. 疲劳试验
C. 金相试验　　　　　　　　　　D. 耐压试验
E. 泄漏试验

三、实务操作和案例分析题（共4题，每题20分）

（一）

背景资料：

某施工单位承接某综合交通枢纽项目的机电安装工程。工程内容包括：建筑电气、建筑智能化、建筑给水排水、通风与空调、消防、防雷接地等安装。施工单位根据建设单位要求编制单位工程施工进度计划，批准后进行了实施前交底。涉及的交底人员有：项目负责人、计划人员、调度人员、作业班组人员及相关物资供应、安全质量管理人员。内容包括：施工进度控制重点、各专业的衔接时间点、安全技术措施要领和质量目标。

项目部根据现场实际情况，通过对影响施工质量因素特性进行分析，编制母线槽安装质量方案，并在施工过程中加以实施。室内配电低压母线槽与重力流雨水管交叉避让示意图见图1。

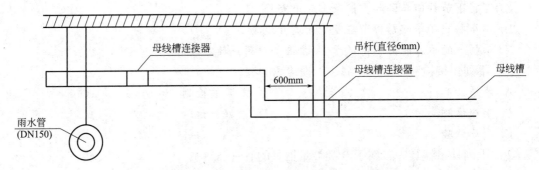

图1　室内配电低压母线槽与重力流雨水管交叉避让示意图

问题：

1. 单位施工进度计划实施前交底需补充什么内容？
2. 母线槽安装质量预控方案主要内容包括哪些？
3. 图1中母线槽安装存在什么质量问题？怎样整改？
4. 母线槽通电试运行前做什么测试及试验合格要求是什么？

(二)

背景资料：

安装公司承接了某大学图书馆的消防安装工程，内容包含：消防给水及消火栓系统、自动喷水灭火系统、高压细水雾灭火系统和火灾自动报警系统安装。该图书馆共3层，总建筑面积为4200m²，高14m，其中一、二层为阅览室，采用自动喷水灭火系统；三层为藏书室，采用高压细水雾灭火系统。

工程开工前，项目部完成了施工组织设计及施工方案编制等技术准备工作，并由方案编制人员向施工人员进行了技术交底。交底时使用了大量的细部节点图，如图2所示，并对消防水泵接合器组装进行了交底。

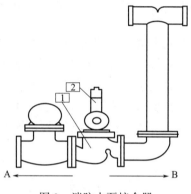

图2 消防水泵接合器

工程开工后，监理单位在审查点型烟感火灾探测器进场报验资料时，发现缺少3C认证证书，经补充后通过验收。

工程完工后，建设单位组织设计单位、监理单位、施工单位进行了消防工程验收，涉及消防的各分部分项工程验收合格，并在验收合格之日起5个工作日内向消防设计审核部门办理了消防验收备案。

问题：

1. 施工方案交底应包含哪些内容？
2. 图2中1、2号部件的名称是什么？水流是流向A端还是B端？
3. 点型烟感火灾探测器的进场报验资料还应有哪些？
4. 建设单位向消防设计审核部门办理验收备案的做法是否合规？为什么？

(三)

背景资料:

某安装公司承接一项柴油加氢装置压缩单元扩建工程。工程内容包括压缩机组、桥式起重机、工艺管道、电气自动化仪表等安装。

压缩机组由机身、中体、气缸、曲轴、活塞、中间冷却器、缓冲罐、管道等组成。属于压力容器的中间冷却器、缓冲罐安装在厂房一层,压缩机本体安装在厂房二层。压缩机组散件到货,单件最大起重量为9.6t。

工程开工后,安装公司编制了压缩机组吊装运输专项施工方案,因厂房内检修用桥式起重机不能满足机组部件吊装要求,采用了在设备吊装上设置吊点,由卷扬机-滑轮组系统提升机组部件至二层平台,利用搬运小坦克配合手拉葫芦牵引设备部件至基础,再用千斤顶就位的起重运输工艺方法。

压缩机初步找正合格后,作业人员采用双表法进行联轴器对中找正。百分表安装后两轴同时转动,根据百分表读数计算轴向、径向偏差。联轴器找正示意图及轴向、径向偏差如图3所示。联轴器找正用百分表检定合格并在有效期内。

压缩机组润滑系统油循环前,技术员在进行工艺检查时,发现系统油管路上漏装1支热电偶。在润滑系统油循环过程中,回油管视镜显示系统回油不畅,经分析处理后排除故障。

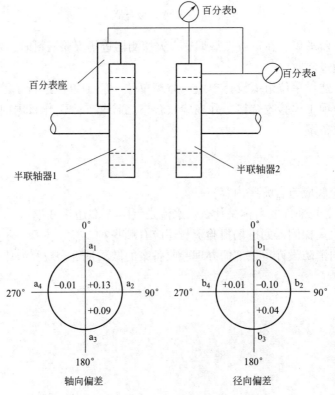

图3 联轴器找正示意图及轴向、径向偏差

问题：

1. 压缩机组的中间冷却器、缓冲罐安装是否需要办理施工告知？说明理由。
2. 压缩机组部件吊装运输是否属于超过一定规模的危险性较大的分部分项工程？说明理由。
3. 根据图 3 中的轴向偏差、径向偏差分析百分表读数是否正常？说明理由。
4. 分析压缩机组油循环时润滑油管道回油不畅的主要原因，应如何处理？

（四）

背景资料：

某住宅小区建设一座热力站，小区住宅楼采用低温地板辐射供暖系统供热，该热力站内的设备、管道、电气、台控系统等安装工程由某施工单位承担，该热力站主要工艺设计参数见表1，管道均采用无缝钢管，材质为20号钢。

表1 热力站主要工艺设计参数

项目	设计压力（MPa）	供水温度（℃）	回水温度（℃）
一次网	1.6	120	60
二次网	1.6	45	35

热力站设计文件规定，管道在安装完成后以设计压力的1.5倍进行水压试验。项目部现有满足精度要求的量程分别为0~2.5MPa、0~4.0MPa、0~6.0MPa三种规格压力表。

施工单位在机组安装完毕后，根据工程实际绘制的热力站内供热机组主要设备、工艺管道系统图如图4所示。经审查发现图4中管件、压力表及温度计安装存在多处错误，要求整改。

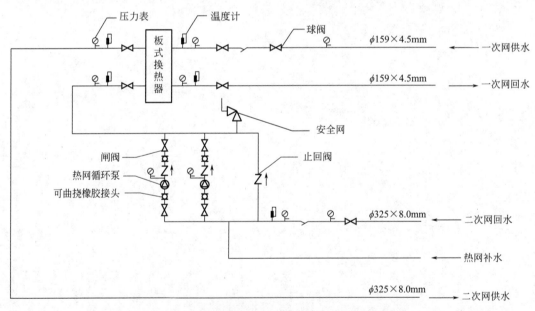

图4 热力站内供热机组主要设备、工艺管道系统图

施工合同要求热力站必须在规定的供热时间投入正常运行，以保证居民的供暖。为确保热力站工程按工期完成，施工单位确定机电工程施工进度目标，建立目标控制体系，明确施工现场进度控制人员及其分工，落实各管理层进度控制任务和责任。

工程竣工后，施工单位向热力站工程的建设单位提交竣工资料时，建设单位告知施工单位应同时提交特种设备管理的有关技术资料，要求施工单位补齐相关资料。

问题：

1. 找出图4中的错误之处并写出整改措施。

2. 根据一、二次网水压试验要求,判断项目部三种规格的压力表哪种合适?
3. 补充完整施工单位工程施工进度控制的组织措施中有哪些制度。
4. 建设单位要求施工单位提交特种设备管理资料是否合理?说明理由。

2024年度真题参考答案及解析

一、单项选择题

1. D；	2. B；	3. A；	4. D；	5. A；
6. A；	7. D；	8. B；	9. C；	10. B；
11. C；	12. A；	13. C；	14. B；	15. B；
16. C；	17. A；	18. D；	19. C；	20. D。

【解析】

1. D。本题考核的是施工现场环境管理规定。A选项属于施工材料管理措施；B选项属于施工现场通道及安全防护措施；C选项属于施工机具管理措施，D选项属于环境保护中的土壤保护措施。

2. B。本题考核的是材料管理工作内容。A选项属于材料保管要求；B选项属于材料使用要求；C选项属于材料领发要求；D选项属于材料进场验收要求。

3. A。本题考核的是机电工程项目试运行组织。机电工程项目单机试运行由施工单位负责。

4. D。本题考核的是机电工程项目运行的资料管理。机电工程项目运行管理记录应包括下列内容：

（1）运行系统运行管理方案及运行管理记录。

（2）各系统设备性能参数及易损易耗配件型号参数名册。

（3）各主要设备运行参数记录。

（4）日常事故分析及其处理记录。

（5）日常巡回检查记录。

（6）全年运行值班记录及交接班记录。

（7）各主要设备维护保养及日常维修记录。

（8）设备和系统部件的大修和更换零配件及易损件记录。

（9）年度运行总结和分析资料等。

A选项属于试运行阶段的记录；B选项属于施工过程中的记录；C选项属于安装阶段的记录；D选项属于运行管理阶段的记录，所以答案选D。

5. A。本题考核的是降低施工成本的措施。组织措施：组建项目部；责任分工、体系合理流程、规章制度。

技术措施：合理的施工方案和施工工艺；推广应用新技术；加强技术、质量检验。

经济措施：控制人工费用、材料费用、机械费用、间接费及其他直接费。

合同措施：适当的合同结构模式；严谨的合同条款；风险对策；全过程的合同控制。

B选项属于经济措施；C、D选项属于技术措施。

6. A。本题考核的是变压器施工技术要求。干式变压器安装位置应正确，附件齐全。紧固件及防松零件齐全，紧固件及防松零件抽检的最小比例是5%。

7. D。本题考核的是风管制作的施工技术。因为镀锌钢板风管不能采用焊接连接,板厚小于或等于1.2mm的镀锌钢板风管与角钢法兰连接时,应采用翻边铆接。

8. B。本题考核的是电梯准用程序。电梯安装单位自检试运行结束后,由电梯制造单位负责电梯整机校验和调试。

9. C。本题考核的是分包方的履行与管理。分包方按施工组织总设计编制分包工程施工方案,并报总承包方审核。分包合同范围内有危险性较大的分部分项工程的,分包单位应组织编制专项施工方案,并由总承包单位技术负责人及分包单位技术负责人共同审核签字,加盖单位公章。超过一定规模的危险性较大的分部分项工程,应由总承包单位组织召开专家论证会,分包方服从并配合专项施工方案的论证意见。

10. B。本题考核的是消防给水及消火栓系统施工技术要求。钢筋混凝土消防水池和消防水箱的进水管、出水管应加设防水套管,钢板等制作的消防水池和消防水箱的进出水等管道宜采用法兰连接,对有振动的管道应加设柔性接头。

11. C。本题考核的是防腐蚀施工表面处理的方法。酸洗处理可以将金属表面的氧化皮和锈除掉,属于除锈方法,而脱脂处理主要是去除油污等,空气喷涂是一种涂装方法,钝化处理是为了提高金属的耐腐蚀性,所以答案选C。

12. A。本题考核的是轴承装配。轴承间隙的测量及调整:
(1)顶间隙:轴颈与轴瓦的顶间隙可用压铅法检查,铅丝直径不宜大于顶间隙的3倍。因此选A。
(2)侧间隙:轴颈与轴瓦的侧间隙采用塞尺进行测量,单侧间隙应为顶间隙的1/2~2/3。
(3)轴向间隙:对受轴向负荷的轴承需检查轴向间隙,检查时,将轴推至极限位置,用塞尺或千分表测量。

13. C。本题考核的是电杆线路施工工序。电杆线路施工工序:熟悉图纸→计算工程量→测量定位→开挖→组装→基础施工和立杆→拉线→放线、架线、紧线、绑线及连线→送电运行验收→竣工资料整理。

14. B。本题考核的是管道系统灌水试验。室内隐蔽或埋地的排水管道在隐蔽前必须做灌水试验。

15. B。本题考核的是工业管道阀门安装。当阀门与金属管道以法兰或螺纹方式连接时,阀门应在关闭状态下安装;以焊接方式连接时,阀门应在开启状态下安装,对接焊缝底层应采用氩弧焊并对阀门采取防变形措施。当非金属管道采用电熔连接或热熔连接时,接头附近的阀门应处于开启状态。

16. C。本题考核的是火灾自动报警及消防联动设备的施工技术要求。可燃气体探测器的安装位置,应根据被测气体密度确定。

17. A。本题考核的是轧机的分类。按轧机设备安装精度等级可分为Ⅰ、Ⅱ两级:Ⅰ级精度项目应包含板带轧机、粗轧与精轧的带材连轧机、平整机、管材连轧机、高速线材轧机、棒材轧机、型材连轧机、中厚板成品轧机等;Ⅱ级精度项目应包含开坯机、钢坯轧机、穿孔机、焊管轧机等。

18. D。本题考核的是金属拱顶储油罐倒装法的罐底安装施工。底板铺设前,底面应涂刷沥青防腐漆二道,每板留出边缘50mm不刷;按排板方位图在基础上标出底板、边缘板的位置;底板由中心向外铺设;罐底板任意相邻两个焊接接头之间的距离以及边缘板焊接接头距底圈罐壁纵焊缝的距离不应小于200mm；底板边缘板外侧300mm的对接焊缝应先行组焊并进行射线探伤检测，焊缝合格后，在罐底板上按罐体半径于罐内侧焊好限位铁。

19．C。本题考核的是锅筒、集箱安装技术要点。锅筒（汽包）、集箱找正时，应根据纵向和横向安装基准线以及标高基准线对锅筒、集箱中心线进行检测。找正后，用型钢进行临时固定，防止安装受热面时移动，并在水压试验前将临时固定装置拆除。锅筒内部装置的安装，应在水压试验合格后进行。

20．D。本题考核的是监控系统主要输入设备安装要求。A选项错误，正确的表述是：涡轮式流量传感器应水平安装；B选项错误，正确的表述是：水管型传感器开孔与焊接工作，必须在管道的压力试验、清洗、防腐和保温前进行；C选项错误，正确的表述是：风管型传感器安装应在风管保温层完成后进行。

二、多项选择题

21．A、B、C；　　　　22．A、C、E；　　　　23．B、C、D、E；
24．A、B、D、E；　　25．A、B、C；　　　　26．A、B、C、D；
27．A、B、C、E；　　28．A、C；　　　　　　29．A、B、C、D；
30．A、B、C。

【解析】

21．A、B、C。本题考核的是绝缘材料的分类。无机绝缘材料有云母、石棉、大理石、瓷器、玻璃和硫黄等，主要用作电机和电器绝缘、开关的底板和绝缘子等。D、E选项属于有机绝缘材料。

22．A、C、E。本题考核的是风机的类型。风机按照排气压强的不同可分为：通风机、鼓风机、压气机。

23．B、C、D、E。本题考核的是地下管道放线测设的主要工作内容。地下管道放线测设的主要工作内容：(1)恢复中线；(2)测设施工控制桩（测设中线控制桩、测设附属构筑物控制桩）；(3)槽口放线。

A选项错误，引测腰桩高程属于地下管道施工测量。

24．A、B、D、E。本题考核的是手拉葫芦的使用要求。A选项正确：使用环链手拉葫芦时，操作者应站在手链轮同一平面内拉拽手链条。手拉葫芦在垂直、水平或倾斜状态使用时，手拉葫芦的施力方向应与链轮方向一致，以防卡链或掉链。

C选项错误：严禁将手拉葫芦的下吊钩回扣到起重链条上起吊重物。

B、D选项正确：不得站在重物上面操作，不得将重物吊起后停留在空中而离开现场，起吊过程中任何人不得在重物下行走或停留。

E选项正确：手拉葫芦吊挂点承载能力不得低于1.05倍的手拉葫芦额定载荷。

25．A、B、C。本题考核的是焊接检验方法。无损检测方法有：渗透检测、磁粉检测、超声波检测、射线检测。

26．A、B、C、D。本题考核的是B类计量器具范围。B类计量器具范围：B类计量器具是用于工艺控制、质量检测及物资管理的计量器具。例如：卡尺、千分尺、百分表、千分表、水平仪、直角尺、塞尺、水准仪、经纬仪、测厚仪；温度计、温度指示调节仪；压力表、测力计、转速表、砝码、硬度计、万能材料试验机、天平；电压表、电流表、欧姆表、电功率表、功率因数表；电桥、电阻箱、检流计、万用表、标准电信号发生器；示波器、阻抗图示仪、电位差计、分光光度计等。E 选项属于 A 类计量器具。

27. A、B、C、E。本题考核的是电力线路设施的保护范围。电力线路上的电器设备的保护范围：变压器、电容器、电抗器、断路器、隔离开关、避雷器、互感器、熔断器、计量仪表装置、配电室、箱式变电站及其有关辅助设施。D 选项属于架空电力线路的保护范围。

28. A、C。本题考核的是石油化工工程设计与施工标准。根据《风力发电工程施工与验收规范》GB/T 51121—2015，当风速大于制造厂家的规定时，不得进行塔架、机舱、风轮、叶片等部件的吊装作业。制造厂家未规定安装风速的，叶片和风轮安装风速不宜超过 8m/s，塔架、机舱安装风速不宜超过 10m/s。

29. A、B、C、D。本题考核的是单体设备安装基础的测量。单体设备安装基础的测量：

（1）基础划线及高程测量（单体设备基础划线、单体设备的高程测量、精度控制）。

（2）中心标板和基准点的埋设。

30. A、B、C。本题考核的是焊接检验方法。常用的破坏性检验方法包括：力学性能试验（弯曲试验、拉伸试验、冲击试验、硬度试验、断裂性试验、疲劳试验）、化学分析试验（化学成分分析、不锈钢晶间腐蚀试验、焊条扩散氢含量测试）、金相试验（宏观组织、微观组织）、焊接性试验。D、E 选项属于非破坏性检验方法。

三、实务操作和案例分析题

（一）

1. 单位施工进度计划实施前交底需补充：
施工用人力资源和物资供应保障情况、各专业（含分包方）的分工和衔接关系。

2. 母线槽安装质量预控方案主要内容包括三部分：
母线槽工序（过程）名称、可能出现的质量问题、提出的质量预控措施。

3. 图 1 中母线槽安装存在的质量问题及整改：

（1）质量问题：中间段的母线槽没有设置吊架。

整改：每节母线槽不得少于 1 个支架。

（2）质量问题：吊杆直径为 6mm。

整改：图中给出的是配电母线槽，吊杆直径不小于 8mm。

（3）质量问题：吊杆设在连接器处。

整改：固定点位置不应设置在母线槽的连接处或分接单元处。

（4）质量问题：拐弯处未增设支架。

整改：距拐弯 0.4~0.6m 处应增设支架。

4. 母线槽通电试运行前做：母线槽的金属外壳应与外部保护导体完成连接，及母线绝缘电阻测试和交流工频耐压试验。

试验合格要求是：母线槽绝缘电阻值不应小于 0.5MΩ。

（二）

1. 施工方案交底的内容包括：工程的施工程序和顺序、施工工艺、操作方法、要领、质量控制、安全措施、环境保护措施等。

2.1号部件的名称是：止回阀；2号部件的名称是：安全阀。

水流是流向A端。

3. 点型烟感火灾探测器的进场报验资料还应有：使用说明书、清单、质量合格证明文件、国家法定质检机构的检验报告等文件。

4. 建设单位向消防设计审核部门办理验收备案的做法不合规。

理由：建筑总面积大于2500m²的大学教学楼、图书馆、食堂，应按规定申请消防验收，该大学图书馆总建筑面积为4200m²，因此应按规定申请消防验收，办理消防验收备案不合规。

（三）

1. 压缩机组的中间冷却器、缓冲罐安装需要办理施工告知。

理由：中间冷却器、缓冲罐为压力容器，属于特种设备，施工前应办理施工告知。

2. 压缩机组部件吊装运输不属于超过一定规模的危险性较大的分部分项工程。

理由：卷扬机配合滑轮组、手拉葫芦为非常规起重，单件最大起重量达到9.6t，未超过10t的规定，不属于超过一定规模的危险性较大的分部分项工程。

3. 凸缘联轴器装配，应使两个半联轴器的端面紧密接触，两轴心的径向和轴向位移不应大于0.03mm。

轴向偏差：$(0+0.09)/2 = 0.045$mm，$[0.13-(-0.01)]/2 = 0.07$mm，均大于0.03mm，轴向百分表读数不正常。

径向偏差：$0+0.04 = 0.04$mm，$0.01-(-0.1) = 0.11$mm，均大于0.03mm，径向百分表读数不正常。

4. 压缩机组油循环时润滑油管道回油不畅的主要原因：漏装热电偶导致油温测量不准确，使油温过低影响油流动速度。

处理方式：加装热电偶，将油温加热到正常范围。

（四）

1. 图4中的错误之处及整改措施：

（1）错误之处：二次网供水管道上压力表和温度计安装错误。

整改措施：压力表应该安装在温度计的上游部位。

（2）错误之处：温度计安装在球阀、闸阀及热网循环泵附近错误。

整改措施：温度计应安装在温度介质变化灵敏及具有代表性的地方，不宜安装在阀门等阻力部件的附近。

（3）错误之处：可曲挠橡胶接头安装在止回阀后错误。

整改措施：应安装在热网循环泵出口处。

（4）错误之处：二次网回水安全阀安装错误。

整改措施：二次网回水安全阀应安装在水泵总出水管上。

2. 一、二次管网水压试验压力为$1.6 \times 1.5 = 2.4$MPa。

压力表的满刻度值应为被测最大压力的1.5~2倍，即$2.4 \times 1.5 = 3.6$MPa，$2.4 \times 2 = 4.8$MPa，选用的压力表满刻度值应为3.6~4.8MPa。

所以，选择0~4.0MPa的压力表合适。【还要考虑精度、准确度问题】

3. 施工单位工程施工进度控制的组织措施中有以下制度：

（1）建立工程进度报告制度，建立进度信息沟通网络，实施进度计划的检查分析制度。

（2）建立施工进度协调会议制度，包括协调会议举行的时间、地点、参加人员等。

（3）建立机电工程图纸会审、工程变更和设计变更管理制度。

4. 建设单位要求施工单位提交特种设备管理资料合理。

理由：最高工作压力大于或者等于0.1MPa，介质最高工作温度高于或者等于标准沸点的液体，且公称直径大于或者等于50mm的管道属于压力管道。背景中一次网设计压力为1.6MPa，输送的是120°的热水，且公称直径为159mm，属于特种设备中的压力管道，所以建设单位要求施工单位提交特种设备管理资料是合理的。

2023年度全国二级建造师执业资格考试

《机电工程管理与实务》
真题及解析

学习遇到问题?
扫码在线答疑

2023年度《机电工程管理与实务》真题

一、**单项选择题**（共20题，每题1分。每题的备选项中，只有1个最符合题意）

1. 过盈配合件的装配主要采用（　　）。
   A. 加热伸长法　　　　　　　　B. 加热装配法
   C. 液压拉伸法　　　　　　　　D. 测量伸长法

2. 10kV真空断路器交接试验的内容不包括（　　）。
   A. 介质损耗因数　　　　　　　B. 交流耐压试验
   C. 触头弹跳时间　　　　　　　D. 分合闸同期性

3. 关于管道压力试验的说法，正确的是（　　）。
   A. 管道热处理前进行压力试验
   B. 脆性管道可用气体进行试验
   C. 试验中发现泄漏可带压处理
   D. 试验结束拆除临时约束装置

4. 下列设备中，属于汽轮机系统设备的是（　　）。
   A. 凝汽器　　　　　　　　　　B. 水冷壁
   C. 省煤器　　　　　　　　　　D. 引风机

5. 卧式容器安装水平度的测量基准是（　　）。
   A. 设备基础的中心线　　　　　B. 设备两侧水平方位线
   C. 设备基础的上表面　　　　　D. 设备预埋板的上表面

6. 关于质量流量计安装的说法，正确的是（　　）。
   A. 测量气体介质时的箱体管应置于管道下方
   B. 测量液体介质时的箱体管应置于管道上方
   C. 在垂直管道中被测流体的流向应自上而下
   D. 应安装于被测流体完全充满的水平管道上

7. 关于绝热结构防潮层施工的说法，正确的是（　　）。
   A. 室外施工宜在阳光暴晒中进行
   B. 防潮层外侧应用钢带捆扎固定
   C. 设备筒体的防潮层应连续施工

1

D. 封口处待试运行完毕后进行封闭

8. 敞口水箱满水试验的静置观察时间至少是（　　）。
   A. 12h
   B. 24h
   C. 36h
   D. 48h

9. 关于照明配电箱中每个单相分支回路安装要求的说法，正确的是（　　）。
   A. 组合灯具电流不宜超过 30A
   B. 每一回路电流不宜超过 20A
   C. 吸顶灯具数量不宜超过 30 个
   D. LED 光源数量可以超过 60 个

10. 镀锌钢板风管的部件安装时，应单独设置支吊架的是（　　）。
    A. 边长 630mm 的三通
    B. 消声器
    C. 边长 500mm 的弯头
    D. 送风口

11. 建筑智能化工程中，给水监控系统应检测的数量是（　　）。
    A. 5%
    B. 10%
    C. 50%
    D. 100%

12. 下列仓库中，能使用消火栓灭火系统的是（　　）。
    A. 储存碳化钙的仓库
    B. 储存锌粉的仓库
    C. 储存低亚硫酸钠的仓库
    D. 储存纤维的仓库

13. 自动人行道进场验收时，必须有型式试验报告复印件的部件是（　　）。
    A. 踏板
    B. 护壁板
    C. 盖板
    D. 围裙板

14. 关于机电工程投标文件编制要求的说法，错误的是（　　）。
    A. 应考虑企业所在地的资源信息价格
    B. 应对比竞争对手的资源和类似业绩
    C. 应了解业主资金情况和关注的重点
    D. 应突出企业的技术创新和成本优势

15. 分包工程完工后，组织竣工预验收的单位是（　　）。
    A. 建设单位
    B. 监理单位
    C. 总承包单位
    D. 分包单位

16. 下列施工协调内容，属于施工单位内部协调的是（　　）。
    A. 施工图纸设计交底
    B. 监理要求的施工整改
    C. 施工机具优化配置
    D. 业主提供的设备验收

17. 下列降低项目成本的措施中，属于组织措施的是（　　）。
    A. 合理地布置施工现场
    B. 确定合理的工作流程
    C. 提高施工劳动生产率
    D. 提升机械设备利用率

18. 关于联动试运行时责任分工的说法，正确的是（　　）。
    A. 建设单位审批联动试运行方案
    B. 监理单位负责岗位操作的监护
    C. 施工单位负责提供试运行资源
    D. 生产部门负责指挥联动试运行

19. 关于发包人支付进度款的说法，错误的是（   ）。
   A. 逾期未签发进度款支付证书，视为承包人的支付申请已被认可
   B. 逾期未签发进度款支付证书，承包人有权利发出催告付款通知
   C. 逾期未支付工程款，承包人可催告，但无权要求支付延迟利息
   D. 逾期未支付工程款，导致赶工费用，应承担承包人的合理利润

20. 施工单位出具工程质量保修书的时间是（   ）。
   A. 竣工验收合格时   B. 竣工预验收时
   C. 竣工验收备案时   D. 竣工预结算时

二、多项选择题（共10题，每题2分。每题的备选项中，有2个或2个以上符合题意，至少有1个错项。错选，本题不得分；少选，所选的每个选项得0.5分）

21. 下列绝缘材料中，属于有机绝缘材料的有（   ）。
   A. 蚕丝   B. 硫黄
   C. 树脂   D. 石棉
   E. 棉纱

22. 下列石油化工设备中，属于动设备的有（   ）。
   A. 干燥设备   B. 混合设备
   C. 换热设备   D. 反应设备
   E. 储存设备

23. 自动跟踪光电接收靶激光水准仪的优点有（   ）。
   A. 方向性好   B. 发射角大
   C. 明亮度高   D. 红色可见
   E. 准直导向

24. 下列起重机中，属于臂架型的有（   ）。
   A. 门式起重机   B. 塔式起重机
   C. 铁路起重机   D. 桅杆起重机
   E. 桥式起重机

25. 铝制容器的焊接宜选用（   ）。
   A. 钨极氩弧焊   B. 氧乙炔焊
   C. 焊条电弧焊   D. 等离子弧焊
   E. 熔化极氩弧焊

26. 下列计量仪器设备中，应纳入固定资产管理的有（   ）。
   A. 精密分析天平   B. X射线探伤机
   C. 电信号发生器   D. 超声波探伤仪
   E. 超声波测厚仪

27. 下列施工现场的用电行为中，不允许的有（   ）。
   A. 擅自迁移用电设备   B. 擅自改变用电类别
   C. 擅自超过约定容量   D. 自备电源擅自并网
   E. 擅自引入供电电源

28. 属于压力管道的有（   ）。
   A. 工作压力0.2MPa、DN50的苯乙烯管道

B. 工作压力 0.6MPa、DN80 的氮气管道
C. 工作压力 0.7MPa、DN25 的仪表管道
D. 工作压力 1.6MPa、DN200 的过热蒸汽管
E. 工作压力 2.5MPa、DN600 的原油管道

29. 钢结构工程中，可划分为分项工程的有（　　）。
A. 钢结构焊接　　　　　　　　B. 钢结构栓接
C. 钢结构涂装　　　　　　　　D. 钢结构绝热
E. 钢结构防火

30. 下列建筑安装工程质量验收规定中，属于检验批质量验收合格的有（　　）。
A. 一般项目的质量抽样检验合格　　B. 施工质量检查记录真实、完整
C. 分项工程的观感质量验收合格　　D. 主控项目的质量抽样检验合格
E. 分部工程的主要功能抽查合格

三、实务操作和案例分析题（共 4 题，每题 20 分）

（一）

背景资料：

A 公司承接一机电工程项目，承包内容包括通风空调工程、建筑智能化工程、建筑给水排水及供暖工程和消防工程等。其中通风空调和供暖工程分包给 B 公司施工，工程设备（热泵、风机盘管）、管材（钢管、塑料管）、传感器、阀门等均由 A 公司采购，其中热泵、风机盘管设备由建设单位指定生产厂家。

施工中，A 公司检查发现以下问题，并进行了整改。

（1）空气传感器安装不符合规范要求，如图 1 所示。

（2）空调水系统（钢管）、供暖系统（塑料管）的水压试验记录显示：钢管在试验压力下稳压 5min，压力降不超过 0.2MPa；塑料管在试验压力下稳压 1h，压力降不超过 0.05MPa。

竣工验收资料检查时，发现施工用计量检测设备登记表的内容不完整，登记的内容为：计量器具名称、规格、数量、编号、检定日期。

工程竣工投入使用 2 个月后，个别风机盘管噪声过大，经检查是产品质量问题所致。建设单位要求 A 公司对有质量问题的风机盘管进行更换，并承担费用，A 公司拒绝建设单位的要求。

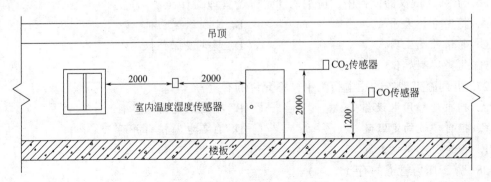

图 1　空气传感器安装示意图（尺寸单位：mm）

问题：
1. 图1中的空气传感器安装应如何整改？写出空气传感器安装位置的要求。
2. 钢管和塑料管的水压试验检验方法是否正确？说明理由。
3. 施工用计量检测设备登记表还应补充哪些内容？
4. A公司拒绝建设单位的要求是否合理？风机盘管的更换及费用应由谁负责？

（二）

背景资料：

某工厂因厂区搬迁需要建设一临时性的生产厂房，待新厂区建成后再拆除临时厂房。临时厂房机电工程由某安装公司中标。合同内容：整体设备安装、解体设备安装、电气设备安装、管道安装等。

安装公司进场后，针对本工程设备安装多、交叉作业频繁、设备安装精细等的特点及难点编制了专项施工方案。报技术负责人审批时，被要求在保证质量和安全的情况下，对施工组织的作业形式进行优化后通过审批。

安装公司在某设备进行轴承间隙检测后，采用百分表对该轴承径向进行测量（图2），记录百分表的最大读数与最小读数之差。

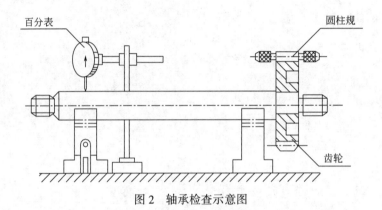

图2 轴承检查示意图

专业监理工程师对某设备的渐开线圆柱齿轮检查接触精度时，发现接触斑点如图3所示，专业监理工程师认为该齿轮安装有误差，造成该齿轮接触不良，要求安装公司整改。安装公司整改后，用该设备的集中润滑系统对其进行润滑，再次检查时该齿轮运转正常。

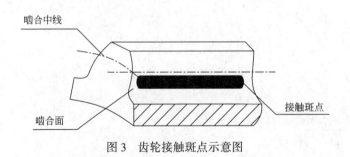

图3 齿轮接触斑点示意图

工程竣工后，安装公司按单位工程进行竣工资料组卷，移交给档案室。档案室根据临时性厂房9年后拆除的特点，按规定设置相应的保管期限后做归档处理。

问题：

1. 施工方案优化的目的是什么？施工作业有哪几种形式？

2. 轴承应检测哪些间隙？图 2 中的百分表主要是测量轴承径向的什么量值？

3. 齿轮安装时的哪种误差会造成图 3 中齿轮接触斑点？集中润滑系统由哪些部分组成？

4. 档案的保管期限有哪几种？本工程属于哪种档案保管期限？

(三)

背景资料：

某商业综合体机电安装工程位于城市核心区域，工期8个月。某施工单位中标该工程，承包范围包括建筑给水排水、通风与空调、建筑电气和建筑智能化工程，工程采用固定总价合同，签约合同价为3000万元。在合同中约定：（1）预付款为合同总价的8%，在工程的第3个月开始扣除，2个月扣完；（2）工程进度款按月支付80%，且自第一个月起，按进度款3%的比例扣留质量保修金；（3）工期提前10d以上，一次性奖励30万元。

进场后，因施工场地狭小，管道及设备安装采用装配式施工技术，B2层冷冻站的一组冷冻泵模块如图4所示。

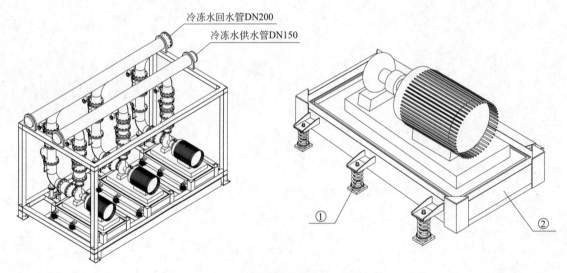

图4 冷冻泵模块的深化示意图

施工第5个月，排烟系统镀锌钢板风管制作安装的工程量完成了2000m²，清单综合单价为600元/m²，并对排烟主干风管分段进行了严密性试验，风管允许漏风量计算公式如下：

低压风管：$Q_l \leq 0.1056 P^{0.65}$ (3-1)

中压风管：$Q_m \leq 0.0352 P^{0.65}$ (3-2)

高压风管：$Q_h \leq 0.0117 P^{0.65}$ (3-3)

工程竣工后，因采用装配式施工技术，提高了施工效率，施工工期提前12d，冷冻泵模块化造成型钢消耗量增加，施工单位向建设单位提出工期奖励30万元、补偿型钢增加费用10万元的要求。施工单位按期提交了工程竣工结算书。

问题：

1. 写出图4中部件①、②的名称，以及冷冻水管道现场装配常用的连接方式。
2. 不考虑其他费用，试计算第5个月排烟系统风管（镀锌钢板）制作安装应支付的进度款。

3. 排烟主干风管严密性试验的试验压力如何确定？允许漏风量的计算公式应选哪一个？写出风管严密性检验的主要部位。

4. 施工单位提出的工期奖励费和型钢补偿费是否合理？说明理由。

(四)

背景资料:

某公司项目部承担石油化工项目施工,其中再生塔直径为 3.2m,长度为 46.2m,重 78.6t,在制造厂完成附塔管线和梯平台安装,整体到货。

项目部进场后,编写了专项施工方案,拟采用 250t 履带起重机为主吊,90t 履带起重机溜尾,整体吊装,经计算再生塔顶层的梯平台与吊臂的最小距离为 300mm。吊车站位地基进行压路机碾压,吊车站位与周围设施的最小距离为 600mm。方案编写后报送监理审核,监理认为该方案措施及程序不完整,项目部修改并完成相关程序后,专项方案审批通过。

塔器安装如图 5 所示,监理认为垫铁安装存在质量问题:垫铁间距过大、垫铁 6 块不符合规定,同时还存在其他质量问题,要求项目部整改。

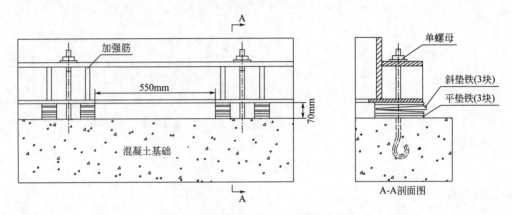

图 5 设备地脚螺栓、垫铁安装示意图

整改后,焊工将地线夹在附塔管线法兰上,进行垫铁层间点焊时,监理予以制止,还认为该焊工需持有"特种设备安全管理和作业人员证"才能作业。

由于作业人员多次出现类似安装质量问题,项目部总工再次对作业人员进行分部分项工程技术交底,重点内容为质量保证措施,项目施工质量验收合格。

问题:

1. 塔器吊装方案应进行怎样的修改?还应补充哪个程序?
2. 图 5 中的质量问题应如何整改?
3. 监理制止焊工的点焊工作和提出焊工的持证要求是否正确?
4. 在分部分项工程技术交底中,还应包含哪些质量方面的交底内容?

2023年度真题参考答案及解析

一、单项选择题

1. B；	2. A；	3. D；	4. A；	5. B；
6. D；	7. C；	8. B；	9. D；	10. B；
11. D；	12. D；	13. A；	14. A；	15. C；
16. C；	17. B；	18. A；	19. C；	20. A。

【解析】

1. B。本题考核的是过盈配合件的装配方法。过盈配合件的装配方法，一般采用压入装配、低温冷装配和加热装配法，而在安装现场，主要采用加热装配法。A、C、D 选项为有预紧力要求的螺纹连接常用的紧固方法。

2. A。本题考核的是真空断路器交接试验的内容。真空断路器的交接试验内容：测量绝缘电阻，测量每相导电回路电阻，交流耐压试验，测量断路器的分合闸时间，测量断路器的分合闸同期性，测量断路器合闸时触头弹跳时间，测量断路器的分合闸线圈绝缘电阻及直流电阻，测量断路器操动机构试验。A 选项属于油浸电力变压器的交接试验内容。

3. D。本题考核的是管道压力试验。管道安装完毕，热处理和无损检测合格后，进行压力试验，因此 A 选项错误。B 选项错在"可用"二字，正确的应为"严禁使用"。试验过程发现泄漏时，不得带压处理，因此 C 选项错误。试验结束后及时拆除盲板、膨胀节临时约束装置，因此 D 选项正确。

4. A。本题考核的是汽轮机系统设备。汽轮发电机系统设备主要包括：汽轮机、发电机、励磁机、凝汽器、除氧器、加热器、给水泵、凝结水泵和真空泵等，因此本题选 A。B、C、D 选项属于锅炉设备。

5. B。本题考核的是卧式容器安装。卧式容器安装时，设备两侧水平方位线作为安装标高和水平度测量的基准。

6. D。本题考核的是质量流量计安装。质量流量计应安装于被测流体完全充满的水平管道上，因此 D 选项正确。测量气体时，箱体管应置于管道上方，因此 A 选项错误。测量液体时，箱体管应置于管道下方，因此 B 选项错误。在垂直管道中的流体流向应自下而上，因此 C 选项错误。

7. C。本题考核的是绝热结构防潮层施工。A 选项错误，正确的表述是：室外施工不宜在阳光暴晒中进行。B 选项错误，正确的表述是：防潮层外侧不得设置钢丝、钢带等硬质捆扎件。防潮层封口处应封闭，因此 D 选项错误，无需进行试运行。

8. B。本题考核的是建筑给水排水与供暖系统工程的器具/设备安装要点。敞口水箱安装前应做满水试验，静置 24h 观察，应不渗不漏。

9. D。本题考核的是照明配电箱中每个单相分支回路安装要求。照明配电箱内每一单

11

相分支回路的电流不宜超过16A，灯具数量不宜超过25个。大型建筑组合灯具每一单相回路电流不宜超过25A，光源数量不宜超过60个（当采用LED光源时除外）。A选项错在"30A"，正确的应为"25A"。选项B错在"20A"，正确的应为"16A"。C选项错在"30个"，正确的应为"25个"。

10. B。本题考核的是风管系统的安装要点。边长（直径）大于1250mm的弯头和三通应设置独立的支吊架，A、C选项错误。支吊架不宜设置在风口、阀门、检查门及自控装置处，D选项错误。消声器、静压箱安装时，应单独设置支吊架，固定牢固。

11. D。本题考核的是建筑智能化给水排水系统调试检测。给水和中水监控系统应全部检测；排水监控系统应抽检50%，且不得少于5套，总数少于5套时应全部检测。

12. D。本题考核的是工业项目消防系统的技术要求。钢铁冶金企业，单台容量大于等于40MV·A非总降压变电所的油浸电力变压器应设置火灾自动报警系统，以及水喷雾、细水雾和气体灭火系统；储存锌粉、碳化钙、低亚硫酸钠等遇水燃烧物品的仓库不得设置室内外消防给水。本题采取排除法，因此D选项符合题意。

13. A。本题考核的是自动人行道安装工程验收要求。自动扶梯设备进场验收时，设备技术资料必须提供梯级或踏板的型式试验报告复印件。

14. A。本题考核的是机电工程投标程序。A选项错误，错在"企业所在地"，正确的是"工程所在地"。

15. C。本题考核的是施工分包合同的履行与管理。施工单位在自检评定后，填写竣工验收报验单，由总监理工程师组织各专业监理工程师进行竣工预验收，预验收的方法、程序、要求等均与工程竣工验收相同。分包方对开工、关键工序交接、竣工验收等过程经自行检验合格后，均应事先通知总承包单位组织预验收，认可后再由总承包单位报请建设单位组织检查验收。

16. C。本题考核的是内部沟通协调。外部沟通协调的主要对象：有直接或间接合同关系的单位有业主（建设单位、管理单位）、监理单位、材料设备供应单位、施工机械出租单位等；有洽谈协商记录的单位有设计单位、土建单位、其他安装工程承包单位、供水单位、供电单位。因此可以判断出A、B、D选项属于外部协调的内容。

内部沟通协调的主要内容包括：施工进度计划的协调、施工生产资源配备的协调、工程质量管理的协调、施工安全与卫生及环境管理的协调、施工现场的交接与协调、工程资料的协调。施工机具优化配置属于施工生产资源配备的协调，因此本题选C。

17. B。本题考核的是降低项目成本的措施。B选项属于降低项目成本的组织措施，A选项属于降低项目成本的技术措施，C、D选项属于降低项目成本的经济措施。

18. A。本题考核的是机电工程项目试运行责任分工及参加单位。施工单位负责岗位操作的监护，因此B选项错误。建设单位负责提供试运行资源、审批联动试运行方案，因此C选项错误，A选项正确。由建设单位组织、指挥联动试运行，因此D选项错误。

19. C。本题考核的是进度款审核与支付。若发包人逾期未签发进度款支付证书，则视为承包人提交的进度款支付申请已被发包人认可，承包人可向发包人发出催告付款的通知，发包人应在收到通知的14d内，按照承包人支付申请的金额向承包人支付进度款。因此A、B选项正确。发包人未按前款规定支付进度款的，承包人可催告发包人支付，并有权获得延迟支付的利息；发包人应承担由此增加的费用和延误的工期，向承包人支付合理利润，并承担违约责任。因此 C 选项错误，D 选项正确。

20. A。本题考核的是保修期限。根据《建设工程质量管理条例》规定，建设工程的保修期自竣工验收合格之日起计算。

二、多项选择题

21. A、C、E；   22. A、B、E；   23. A、C、D、E；
24. B、C、D；   25. A、D、E；   26. A、B、D、E；
27. B、C、D、E；   28. A、D、E；   29. A、B、C、E；
30. A、B、D。

【解析】

21. A、C、E。本题考核的是绝缘材料。A、C、E 选项属于有机绝缘材料，B、D 选项属于无机绝缘材料。

22. A、B、E。本题考核的是专用工程设备的分类。石油化工设备分为静设备、动设备等。静设备包括：容器、反应设备、塔设备、换热设备、储罐等；动设备包括：压缩机、粉碎设备、混合设备、分离过滤设备、制冷设备、干燥设备、包装设备、输送设备、储存设备、成型设备等。A、B、E 选项属于动设备，C、D 选项属于静设备。

23. A、C、D、E。本题考核的是激光测量仪器。除具有普通水准仪的功能外，尚可作准直导向之用。如在水准尺上装自动跟踪光电接收靶，即可进行激光水准测量。利用激光束方向性好、发射角小、明亮度高、红色可见等优点，形成一条鲜明的准直线，作为定向定位的依据。B 选项错误，正确的应为：发射角小。

24. B、C、D。本题考核的是起重机械的分类。桥架型起重机主要有：梁式起重机、桥式起重机、门式起重机、半门式起重机等。臂架型起重机主要有：门座起重机、半门座起重机、塔式起重机、流动式起重机、铁路起重机、桅杆起重机、悬臂起重机等。A、E 选项属于桥架型起重机，B、C、D 选项属于臂架型起重机。

25. A、D、E。本题考核的是焊接工艺的选择。铝制压力容器焊接规程适用焊接方法范围：气焊、钨极气体保护焊、熔化极气体保护焊、等离子弧焊。所述"气体保护焊"均是指氩弧焊。

26. A、B、D、E。本题考核的是施工现场计量器具的保管。精度较高，宜纳入固定资产管理的计量仪器设备有：精密分析天平、砝码等，X 射线探伤机、超声波探伤仪、超声波测厚仪等。

27. B、C、D、E。本题考核的是用电安全规定。用户用电不得危害供电、用电安全和扰乱供电、用电秩序。施工单位在施工过程中应遵守用电安全规定，不允许有以下行为：(1) 擅自改变用电类别，因此 B 选项符合题意要求。(2) 擅自超过合同约定的容量用电，C 选项符合题意要求。(3) 擅自超过计划分配的用电指标。(4) 擅自使用已经在供电企业办理暂停使用手续的电力设备，或者擅自启用已经被供电企业查封的电力设备。(5) 擅自迁移、更动或者擅自操作供电企业的用电计量装置、电力负荷控制装置、供电设施以及约定由供电企业调度的用户受电设备。(6) 未经供电企业许可，擅自引入、供出电源，因此 E 选项符合题意要求；或者将自备电源擅自并网，因此 D 选项符合题意要求。在工程施工现场，将用电设备从一个地方移到另一个地方，这是施工现场允许的用电行为，因此 A 选项不符合题意要求。

28. A、D、E。本题考核的是特种设备种类。压力管道：是指利用一定的压力，用于输送气体或者液体的管状设备。其范围规定为最高工作压力大于或者等于0.1MPa（表压），介质为气体、液化气体、蒸汽或者可燃、易爆、有毒、有腐蚀性、最高工作温度高于或者等于标准沸点的液体，且公称直径大于或者等于50mm的管道。公称直径小于150mm，且其最高工作压力小于1.6MPa（表压）的输送无毒、不可燃、无腐蚀性气体的管道和设备本体所属管道除外。

对于A选项：工作压力、管径均符合压力管道范围规定要求，苯乙烯属于有毒有害介质，因此A选项为压力管道。

对于B选项：工作压力、管径均符合压力管道范围规定要求，氮气管道具有迷惑性，输送介质氮气为惰性气体，不是有毒有害、易燃易爆的气体，因此B选项不属于压力管道。

对于C选项：工作压力满足压力管道范围规定要求，但是管径没有满足压力管道范围规定要求，因此C选项不属于压力管道。

对于D选项：工作压力、管径、输送介质均符合压力管道范围规定要求，因此D选项为压力管道。

对于E选项：工作压力、管径均符合压力管道范围规定要求，输送介质为原油，属于易燃易爆的输送介质，因此E选项为压力管道。

29. A、B、C、E。本题考核的是工业安装工程施工质量验收的工程划分。钢结构的分项工程应由若干个检验批组成，钢结构的分项应根据现场实际情况来定，设备的钢结构附件可按分项工程划分，以便于检查验收。如分项工程可按施工工艺、钢结构制作、钢结构焊接、钢结构栓接、钢结构涂装或钢结构防火划分。较大的且具有独立施工条件的分项工程可划分为分部或子分部工程。

30. A、B、D。本题考核的是检验批施工质量验收合格的规定。检验批质量验收合格规定：

（1）主控项目和一般项目的质量经抽样检验合格。因此A、D选项正确。

（2）具有完整的施工操作依据、质量检查记录。因此B选项正确。

三、实务操作和案例分析题

（一）

1. 图1中空气传感器安装整改：

（1）CO传感器应安装在房间的上部（2000mm）。

（2）CO_2传感器应安装在房间的下部（1200mm）。

空气传感器安装位置的要求：应装在能正确反映空气质量状况的地方。

2. 钢管和塑料管的水压试验检验方法是否正确的判断及理由：

（1）空调水系统中的钢管水压试验不正确；理由：钢管在试验压力下应稳压10min，压力降不超过0.02MPa。

（2）塑料管水压试验正确。

3. 施工用计量检测设备登记表还应补充的内容：领用（使用）人、下次检定日期、使用状态。

4. A 公司拒绝建设单位的要求不合理。

风机盘管应由 A 公司更换，费用应由厂家负责。

（二）

1. 施工方案优化的目的：保证质量和安全的情况下提高效率（加快进度、缩短工期、降低成本、降低消耗）。

施工作业的形式：顺序作业（工序作业、流水作业）、平行作业（交叉作业）。

2. 轴承应检测的间隙：顶间隙、侧间隙、轴向间隙。

百分表主要是测量轴承径向的跳动量（位移）。

3. 齿轮安装时的中心距过小（误差）会造成图 3 中齿轮接触斑点。

集中润滑系统的组成：润滑站（润滑油）、管路（附件）。

4. 档案的保管期限有永久保管、长期保管、短期保管。

本工程档案的保管期限属于短期保管。

（三）

1. 图 4 中部件①、②的名称：

（1）部件①的名称是：弹簧（减振器）。

（2）部件②的名称是：水泵减振台座（基础框架）。

冷冻水管道现场装配常用的连接方式：法兰连接（螺栓连接）、焊接。

2. 第 5 个月排烟系统风管（镀锌钢板）制作安装应支付的进度款是：

$2000 \times 600 \times (80\% - 3\%) = 92.4$ 万元

3. 排烟主干风管严密性试验的试验压力应为风管系统的工作压力。允许漏风量的计算公式应选用式（3-2）。

严密性检验的主要部位有：风管的咬口缝、铆接孔、法兰翻边、管段连接处。

4. 施工单位提出的工期奖励费合理，型钢补偿费不合理。

理由：工期提前 12d，合同明确承包单位工期提前 10d 以上，一次性奖励 30 万元，故提出工期奖励费合理。

本工程是固定总价合同，冷冻站房采用模块化装配式施工技术增加的费用已包含在合同总价中，故提出型钢补偿费不合理。

（四）

1. 塔器吊装方案中，吊臂与塔器顶部梯平台的距离（300mm）过小（应为 500mm）；吊车站位地面应进行地面耐压力测试。本吊装作业属于超过一定规模的危大工程，需要公司组织专家论证通过，方案才能实施。

2. 图 5 中的质量问题整改：

（1）垫铁间距离 550mm 过大，应加 1 组垫铁。

（2）垫铁块数过多，应调整为 5 块，应去掉 1 块斜垫铁，斜垫铁配对使用，薄平垫铁更换为厚平垫铁。

（3）螺栓应用双螺母锁紧。

3. 监理制止焊工的点焊工作正确,地线应靠近焊接位置。

监理提出的焊工持证要求不正确,垫铁层间点焊的焊工并非必须持有"特种设备安全管理和作业人员证"。

4. 在分部分项工程技术交底中,还应包含质量标准,质量检查验收评级依据、技术要求,检验、试验。

2022年度全国二级建造师执业资格考试

《机电工程管理与实务》

真题及解析

学习遇到问题?
扫码在线答疑

2022年度《机电工程管理与实务》真题

一、单项选择题（共20题，每题1分。每题的备选项中，只有1个最符合题意）

1. 下列设备中，其安装基础不需设置沉降观测点的是（   ）。
   A. 汽轮发电机   B. 大型锻压机   C. 透平压缩机   D. $80m^3$储油罐
2. 电器设备安全防范措施中的"五防联锁"内容不包括（   ）。
   A. 防止误合断路器   B. 防止手动合闸试验
   C. 防止带电挂地线   D. 防止误入带电间隔
3. 关于燃气管道泄漏性试验的要求，正确的是（   ）。
   A. 应在压力试验前进行   B. 试验介质宜为自来水
   C. 可与试运行一起进行   D. 应一次达到试验压力
4. 风力发电设备安装程序中，塔筒安装的紧后工作是（   ）。
   A. 机舱安装   B. 发电机安装   C. 叶轮安装   D. 电器柜安装
5. 下列气柜中，属于低压湿式气柜的是（   ）。
   A. 多边形稀油密封气柜   B. 橡胶膜密封气柜
   C. 圆筒形稀油密封气柜   D. 多节直升式气柜
6. 关于温度取源部件安装位置的说法，正确的是（   ）。
   A. 宜选在闸门等阻力部件处   B. 宜选在介质流束呈死角处
   C. 不宜选在振动较大的地方   D. 不宜选在温度变化灵敏处
7. 下列防腐蚀涂装前的表面处理中，属于机械处理的是（   ）。
   A. 喷砂处理   B. 喷淋脱脂   C. 浸泡脱脂   D. 转换处理
8. 关于建筑管道安装的说法，正确的是（   ）。
   A. 室内管道应先安装塑料管道后安装钢制管道
   B. 金属排水管道的卡箍不能固定在承重结构上
   C. 饮用水水箱的溢流管可与污水管道直接连接
   D. 低温热水辐射供暖系统的埋地敷设的盘管不应有接头
9. 额定电压为330V电动机的绝缘电阻检查，其检查数量应抽查（   ）。
   A. 10%   B. 20%   C. 50%   D. 100%
10. 下列风管中，进行严密性试验时应符合中压风管规定的是（   ）。

A. 排风风管 B. 变风量空调的风管
C. 新风风管 D. N1 级洁净空调风管

11. 在安全技术防范系统中，报警探测器的调试检测内容不包括（ ）。
A. 灵敏度 B. 防拆保护 C. 误报警 D. 报警优先

12. 关于火灾自动报警系统施工技术的要求，错误的是（ ）。
A. 端子箱和模块箱宜设置在弱电间 B. 设备外壳接地可采用铜芯绝缘导线
C. 应进行整体联动控制功能的调试 D. 不同电压的线路可设于同一管内

13. 下列电梯部件中，出厂文件不需要型式检验证书复印件的是（ ）。
A. 选层器 B. 安全钳 C. 限速器 D. 缓冲器

14. 关于招标过程中设置投标限价的说法，错误的是（ ）。
A. 招标文件中应当明确最低投标限价 B. 招标人自行决定是否设置投标限价
C. 招标人设置的投标限价只能有一个 D. 招标人可明确最高投标限价的计算方法

15. 承包人的工程索赔正式文件不包括（ ）。
A. 批复的索赔意向书 B. 进度款支付证书
C. 合同条款修改指令 D. 工程的设计变更

16. 下列照明光源中，施工现场临时照明宜优先选用的是（ ）。
A. 金卤灯 B. 白炽灯 C. LED 灯 D. 荧光灯

17. 建筑安装工程措施费中，施工组织措施项目费不包括（ ）。
A. 安全、文明施工费 B. 提前竣工增加费
C. 机械设备安拆费 D. 雨期施工增加费

18. 机电工程单机试运行前，组织编制试运行方案的人员是（ ）。
A. 项目总工程师 B. 企业总工程师
C. 项目总负责人 D. 专业技术人员

19. 机电工程的专项验收不包括（ ）。
A. 环境保护验收 B. 人防设施验收
C. 景观照明验收 D. 防雷设施验收

20. 在保修期内进行技术性回访时，组织座谈会的单位是（ ）。
A. 设计单位 B. 施工单位
C. 监理单位 D. 建设单位

二、多项选择题（共 10 题，每题 2 分。每题的备选项中，有 2 个或 2 个以上符合题意，至少有 1 个错项。错选，本题不得分；少选，所选的每个选项得 0.5 分）

21. 下列管材中，可用于饮用水管道的有（ ）。
A. 铝塑复合管 B. 丁烯管
C. 硬聚氯乙烯管 D. 塑复铜管
E. 无规共聚聚丙烯管

22. 下列石油化工设备中，属于分离设备的有（ ）。
A. 过滤器 B. 缓冲器
C. 洗涤器 D. 集油器
E. 反应器

23. 进行管道工程测量时，可作为管线起点的有（ ）。

A. 给水管道的水源处 B. 排水管道下游出水口
C. 煤气管道的用气点 D. 排水管道上游进水口
E. 热力管道的供气点

24. 起重时的吊装载荷包括（　　）。
A. 吊车臂重 B. 设备重量
C. 索具重量 D. 吊具重量
E. 吊装配重

25. 下列焊缝中，属于按空间位置形式分类的有（　　）。
A. 角焊缝 B. 平焊缝
C. 横焊缝 D. 立焊缝
E. 仰焊缝

26. 下列钢卷尺中，应办理报废手续的有（　　）。
A. 尺盒上制造厂标记磨损 B. 尺带的分度线不清楚
C. 尺盒的表面有油渍污染 D. 尺带表面大面积氧化
E. 尺带两边有锋口及毛刺

27. 下列情况中，应变更用电合同的有（　　）。
A. 改变供电电压等级 B. 临时更换大容量电力变压器
C. 改变用电单位名称 D. 暂时停止部分受电设备用电
E. 增加三级供配电箱

28. 纳入特种设备目录的安全附件品种有（　　）。
A. 减压阀 B. 水力控制阀
C. 气瓶阀门 D. 紧急切断阀
E. 爆破片装置

29. 工业安装电气工程中，分项工程划分的依据有（　　）。
A. 电气设备 B. 电气线路
C. 安装工序 D. 电压等级
E. 安装部位

30. 下列建筑安装工程检验批的质量验收项目中，宜选用全数检查的有（　　）。
A. 母线槽的金属外壳保护接地 B. 屋顶排风机的防护网安装
C. 电力电缆金属支架保护接地 D. 主干管上闸阀的强度试验
E. 起重灯具悬吊装置强度试验

三、实务操作和案例分析题（共4题，每题20分）

（一）

背景资料：

某科技公司的数据中心机电采购及安装分包工程采用电子招标，邀请行业内有类似工程经验的 A、B、C、D、E 五家单位投标。工程采用固定总价合同，在合同专用条款中约定：镀锌钢板的价格随市场变动时，风管（镀锌钢板）制作安装的工程量清单综合单价中，调整期价格与基期价格之比涨幅率在±5%以内不予调整；超过±5%时，只对超出部分进行调整。工程预付款100万元，工程质量保修金为90万元。

投标过程中，E 单位在投标截止前一个小时，突然提交总价降低 5% 的修改标书。最终经公开评审，B 单位中标，合同价为 3000 万元（含甲供设备暂估价 200 万元），其中风管（镀锌钢板）制作安装的工程量清单综合单价为 600 元/m^2，工程量为 10000m^2。

建设单位按约定支付了工程预付款，施工开始后，镀锌钢板的市场价格上涨，其风管制作安装的工程量清单调整期综合单价为 648 元/m^2，该项合同价款予以调整，设计变更调整价款为 50 万元。

施工过程中，消防排烟系统设计工作压力为 750Pa，排烟风管采用角钢法兰连接，现场排烟防火阀及风管安装如图 1 所示，监理单位在工程质量验评时，对排烟防火阀的安装和排烟风管法兰连接工艺提出整改要求。

数据中心 F2 层变配电室的某一段金属梯架全长 45m，并敷设一条扁钢接地保护导体，监理单位对金属梯架与接地保护导体的连接部位进行了重点检查，以确保金属梯架的可靠接地。

工程竣工后，B 单位按期提交了工程竣工结算书。

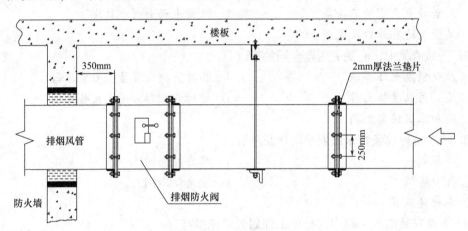

图 1　排烟防火阀及风管安装示意图

问题：

1. E 单位突然降价的投标做法是否违规？请说明理由。
2. 请写出图 1 中排烟防火阀安装和排烟风管法兰连接的正确要求。
3. 变配电室的金属梯架应至少设置多少个与接地保护导体的连接点？分别写出连接点的位置。
4. 请计算说明风管制作安装工程的合同价款予以调整的理由。该合同价款调整金额是多少？如不考虑其他合同价款的变化，请计算本工程竣工结算价款是多少？

（二）

背景资料：

A公司中标一升压站安装工项目，因项目地处偏远地区，升压站安装需要建设施工临时用电工程。A公司将临时用电工程分包给B公司施工，临时用电工程内容包括：电力变压器（10/0.4kV）、配电箱安装，架空线路（电杆、导线及附件）施工。

A公司要求尽快完成施工临时用电工程，B公司编制了施工临时用电工程作业进度计划（表1），计划工期为30d。在审批时被监理公司否定，要求重新编制。B公司在工作持续时间不变的情况下，将导线架设调整至电杆组立完成后进行，修改了施工临时用电工程作业进度计划。

B公司与A公司签订了安全生产责任书，明确了各自安全责任，建立项目安全生产责任体系，由项目副经理全面领导负责安全生产，为安全生产第一责任人，并由项目总工程师对本项目的安全生产负部分领导责任。

电杆及附件安装（图2）、导线架设后，在线路试验前，某档距内的一条架空导线因事故造成断线，B公司用相同规格导线对断线进行了修复（有2个接头）。修复后检查接头处机械强度只有原导线的80%，接触电阻为同长度导线电阻的1.5倍，被A公司要求返工，B公司对断线进行返工修复，施工临时用电工程验收合格。

表1 施工临时用电工程作业进度计划

序号	工作内容	开始时间	结束时间	持续时间	4月					
					1	6	11	16	21	26
1	施工准备	4.1	4.3	3d	—					
2	电力变压器、配电箱安装	4.4	4.8	5d		—				
3	电杆组立	4.4	4.23	20d		——	——	——	—	
4	导线架设	4.4	4.23	20d		——	——	——	—	
5	线路试验	4.24	4.28	5d						—
6	验收	4.29	4.30	2d						—

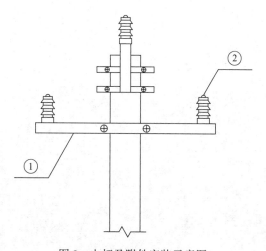

图2 电杆及附件安装示意图

问题：

1. 施工临时用电工程作业进度计划（表1）为什么被监理公司否定？修改后的施工临时用电工程作业进度计划工期需多少天？
2. B公司制定的安全生产责任体系中有哪些不妥？说明理由。
3. 本工程的架空导线在断线后的返工修复应达到哪些技术要求？
4. 说明图2中部件①、②的名称，有什么作用？

（三）

背景资料：

A 公司承接一地下停车库的机电安装工程，工程内容包括：给水排水、建筑电气、消防工程等。经建设单位同意，A 公司将消防工程分包给了 B 公司，并对 B 公司在资质条件、人员配备方面进行了考核和管理。

自动喷水灭火系统中的直立式喷洒头运到施工现场，经外观检查后立即与消防管道同时进行了安装，直立式喷洒头安装如图 3 所示，施工过程中被监理工程师叫停，要求整改。

B 公司整改后，对自动喷水灭火系统进行了通水调试，通水调试项目包括水源测试、报警阀调试、联动试验，在验收时被监理工程师要求补充通水调试项目。

该停车库项目在竣工验收合格 12 个月后才投入使用，投入使用 12 个月后，消防管道漏水，建设单位要求 A 公司进行维修。

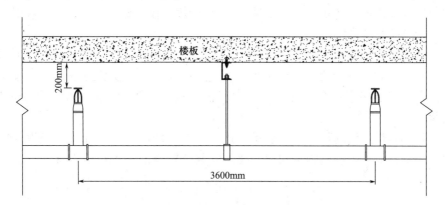

图 3 喷洒头安装示意图

问题：

1. A 公司对 B 公司进行考核和管理的内容还有哪些？
2. 说明自动喷水灭火系统安装中被监理工程师要求整改的原因。
3. 自动喷水灭火系统的通水调试还应补充哪些项目？
4. 消防管道维修是否在保修期内？说明理由。维修费用应由谁承担？

(四)

背景资料：

安装公司承接某工业厂房蒸汽系统安装，系统热源来自两台蒸汽锅炉，锅炉单台规定蒸发量为12t/h，锅炉出口蒸汽压力为1.0MPa，蒸汽温度为195℃。蒸汽主管采用φ219×6mm无缝钢管，安装高度为H+3.2m，管道采用70mm厚岩棉保温，蒸汽主管全部采用氩弧焊焊接。

安装公司进场后，编制了施工组织设计和施工方案。在蒸汽管道支吊架安装（图4）设计交底时，监理工程师要求修改滑动支架高度、吊架的吊点安装位置。

锅炉到达现场后，安装公司、监理单位和建设单位共同进行了进场验收。锅炉厂家提供的随机文件包含：锅炉图样（总图、安装图、主要受压部位图），锅炉质量保证书（产品合格证、金属材料证明、焊接质量证明书以及水压试验证明），锅炉安装和使用说明书，受压元件与原设计不符的变更资料。安装公司认为锅炉出厂资料不齐全，要求锅炉生产厂家补充与安全有关的技术资料。

施工前，安装公司对全体作业人员进行了安全技术交底，交底内容：施工项目的作业特点和危险点，针对危险点的具体预防措施，作业中应遵守的操作规程和注意事项。所有参加人员在交底书上签字，并将安全技术交底记录整理归档为一式两份，分别由安全员、施工班组留存。

安装公司将蒸汽主管的焊接改为底层采用氩弧焊、面层采用电弧焊，经设计单位同意后立即进入施工，但被监理工程师叫停，要求安装公司修改施工组织设计文件，并审批后方能施工。

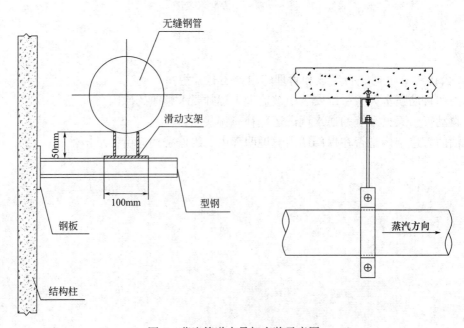

图4 蒸汽管道支吊架安装示意图

问题：
1. 图 4 中的滑动支架高度及吊点的安装位置应如何修改？
2. 锅炉按出厂形式分为哪几类？锅炉生产厂家还应补充哪些与安全有关的技术资料？
3. 安全技术交底还应补充哪些内容？安全技术交底记录整理归档有何不妥？
4. 监理工程师要求修改施工组织设计是否合理？为什么？

2022年度真题参考答案及解析

一、单项选择题

1. D;	2. B;	3. C;	4. A;	5. D;
6. C;	7. A;	8. D;	9. C;	10. B;
11. D;	12. D;	13. A;	14. A;	15. B;
16. C;	17. C;	18. A;	19. C;	20. D。

【解析】

1. D。本题考核的是永久基准线和基准点的设置要求。对于重要、重型、特殊设备需设置沉降观测点，用于监视、分析设备在安装、使用过程中基础的变化情况。如汽轮发电机、透平压缩机、大型锻压机、大型储罐等。公称直径大于或等于30m或公称容积大于或等于1000m³的储罐属于大型储罐。因此本题选D。

2. B。本题考核的是供电系统试运行安全防范要求。常规的"五防联锁"是防止误合、误分断路器；防止带负荷分、合隔离开关；防止带电挂地线；防止带电合接地开关；防止误入带电间隔。

3. C。本题考核的是泄漏性试验要点。泄漏性试验应在压力试验合格后进行，试验介质宜采用空气，因此A、B选项错误。泄漏性试验可结合试运行一并进行，因此C选项正确。泄漏性试验应逐级缓慢升压，因此D选项错误。

4. A。本题考核的是风力发电设备的安装程序。风力发电设备的安装程序：施工准备→基础环平台及变频器、电器柜安装→塔筒安装→机舱安装→发电机安装→叶片与轮毂组合→叶轮安装→其他部件安装→电气设备安装→调试试运行→验收。

5. D。本题考核的是气柜分类。湿式气柜是设置水槽、用水密封的气柜，包括直升式气柜（导轨为带外导架的直导轨）和螺旋式气柜（导轨为螺旋形）。可按照活动塔节分为单节气柜和多节气柜。因此D选项符合题意。多边形稀油密封气柜、圆筒形稀油密封气柜和橡胶膜密封气柜属于干式气柜。

6. C。本题考核的是自动化仪表取源部件的安装要求。温度取源部件的安装位置要选在介质温度变化灵敏和具有代表性的地方，不宜选在阀门等阻力部件的附近和介质流束呈现死角处以及振动较大的地方。因此A、B、D选项错误，C选项正确。

7. A。本题考核的是防腐蚀工程表面处理的方法。化学处理包括：脱脂、化学脱脂、浸泡脱脂、喷淋脱脂、超声波脱脂、转化处理。B、C、D选项属于化学处理方法，排除法选A。

8. D。本题考核的是建筑给水排水与供暖工程管道安装要求。对于不同材质的管道应先安装钢质管道，后安装塑料管道，因此A选项错误。金属排水管道上的吊钩或卡箍应固定在承重结构上，因此B选项错误。饮用水水箱的溢流管，不得与污水管道直接连接，并应留出不小于100mm的隔断空间，因此C选项错误。低温热水辐射供暖系统埋地敷设的盘管不应有接头，因此D选项正确。

9. C。本题考核的是电动机接线前的检查。额定电压500V及以下的电动机用500V兆欧表测量电动机绝缘电阻，绝缘电阻不应小于0.5MΩ；检查数量为抽查50%，不得少于1台。

10. B。本题考核的是风管的检验与试验。风管批量制作前，对风管制作工艺进行检测或检验时，应进行风管强度与严密性试验。如试验压力，低压风管为1.5倍的工作压力；中压风管为1.2倍的工作压力，且不低于750Pa；高压风管为1.2倍的工作压力。排烟、除尘、低温送风及变风量空调系统风管的严密性应符合中压风管的规定。因此本题选B。

11. D。本题考核的是报警系统调试检测。报警系统调试检测：

（1）检查及调试系统所采用探测器的探测范围、灵敏度、误报警、漏报警、报警状态后的恢复、防拆保护等功能与指标，应符合设计要求。

（2）检查控制器的本地及异地报警、防破坏报警、布撤防、报警优先、自检及显示等功能，应符合设计要求。

本题中，A、B、C选项属于报警探测器的调试检测内容，D选项为报警控制器的调试检测内容。

12. D。本题考核的是火灾自动报警系统设备安装要求。端子箱和模块箱宜设置在弱电间内，应根据设计高度固定在墙壁上，因此A选项正确。火灾自动报警系统应单独布线，系统内不同电压等级、不同电流类别的线路，不应布设在同一管内或线槽孔内，因此D选项错误。消防联动控制器及其现场部件调试为火灾自动报警及消防联动系统的调试内容之一，因此C选项正确。设备接地应采用铜芯绝缘导线或电缆，消防控制设备的外壳及基础应可靠接地，工作接地线与保护接地线应分开，因此B选项正确。

13. A。本题考核的是电梯出厂随机文件。电梯出厂随机文件包括：土建布置图，产品出厂合格证，门锁装置、限速器、安全钳及缓冲器等保证电梯安全部件的型式检验证书复印件，设备装箱单，安装使用维护说明书，动力电路和安全电路的电气原理图。因此本题选A。

14. A。本题考核的是机电工程招标投标管理要求。招标人可以自行决定是否编制标底。一个招标项目只能有一个标底。标底必须保密。招标人设有最高投标限价的，应当在招标文件中明确最高投标限价或者最高投标限价的计算方法。这句话就明确地表达了：是否设置最高投标限价，招标人有自主选择权，因此B、D选项正确。招标人不得规定最低投标限价，因此A选项错误。国有资金投资的建筑工程招标的，必须设有最高投标限价（招标控制价）。最高投标限价（招标控制价）应由具有编制能力的招标人或受其委托具有相应资质的工程造价咨询企业编制和复核。一个工程项目只能编制一个最高投标限价（招标控制价），因此C选项正确。

15. B。本题考核的是工程索赔正式文件。承包人的正式索赔文件包括：索赔申请表、批复的索赔意向书、编制说明及与本项施工索赔有关的证明材料及详细计算资料等附件。因此A、C、D选项属于承包人的工程索赔正式文件，不包括B选项。

16. C。本题考核的是节能与能源利用技术要点。临时用电宜优先选用节能灯具，采用声控、光控等节能照明灯具。通常意义上的节能灯既包括冷光源，也包括碘钨这样的光源。LED灯也属于冷光源、固体光源，近年来由于具有效率高、寿命长而得到广泛使用。因此它为节能灯，故本题选C。金卤灯主要用在户外及商业照明领域，属于高压气体放电灯；节能灯主要用于室内照明，属于低压气体放电灯。金卤灯单个成本高，因此A选项不选。

11

白炽灯里面是钨丝，这种材料的电阻较大，通电时会发光发热，并且光是持续的，光谱属于自然光，能够起到保护视力的效果，但是需要用到的电能比较多，因此它不属于节能灯，B 选项不选。荧光灯是利用低气压的汞蒸气在通电后释放紫外线，从而使荧光粉发出可见光的原理发光，因此它属于低气压弧光放电光源，不属于节能灯；荧光灯用于经常开关的地方，节能灯用于不经常开关的地方。虽然荧光灯的工艺已经改进了很多，但仍然容易造成一些污染。报废后，还会对环境造成汞污染。使用不环保，选择利用率不高。因此 D 选项不选。

17. C。本题考核的是施工组织措施项目费。施工组织措施项目费包括安全文明施工费（如：环境保护费、文明施工费、安全施工费、临时设施费）、提前竣工增加费、二次搬运费、冬雨期施工增加费、行车（行人）干扰增加费、特殊地区施工增加费。因此 A、B、D 选项属于施工组织措施项目费，不包括 C 选项。

18. A。本题考核的是机电工程项目试运行方案编制。试运行方案由施工项目总工程师组织编制，经施工企业总工程师审定，报建设单位或监理单位批准后实施。

19. C。本题考核的是机电工程专项验收内容。机电工程专项验收包括：（1）消防验收；（2）人防设施验收；（3）环境保护验收；（4）防雷设施验收；（5）卫生防疫检测。因此 A、B、D 选项属于机电工程的专项验收内容，不包括 C 选项。

20. D。本题考核的是座谈会方式回访。座谈会方式回访由建设单位组织座谈会或意见听取会。

二、多项选择题

21. A、B、D、E； 22. A、B、C、D； 23. A、B、E；
24. B、C、D；   25. B、C、D、E；   26. B、D、E；
27. A、B、C、D； 28. C、D、E；   29. A、B；
30. A、B、D、E。

【解析】

21. A、B、D、E。本题考核的是塑料及复合材料水管的使用范围。铝塑复合管应用于饮用水管和冷、热水管。丁烯管应用于饮用水管和冷、热水管。硬聚氯乙烯管主要用于给水管道（非饮用水）、排水管道、雨水管道。无规共聚聚丙烯管主要应用于饮用水管和冷、热水管。塑复铜管主要用作工业及生活饮用水，冷、热水输送管道。因此 A、B、D、E 选项都可用于饮用水管道。

22. A、B、C、D。本题考核的是专用设备的分类。主要用于完成介质的流体压力平衡和气体净化分离等的压力容器称为分离设备（代号 S），如分离器、过滤器、集油器、缓冲器、洗涤器等。E 选项反应器属于反应设备。

23. A、B、E。本题考核的是管道中线测量。管线的起点给水管道以水源作为起点，排水管道以下游出水口为起点；煤气、热力管道以供气方向作为起点。因此本题选 A、B、E。

24. B、C、D。本题考核的是吊装载荷。吊装载荷的组成：被吊物（设备或构件）在吊装状态下的重量和吊、索具重量（流动式起重机一般还应包括吊钩重量和从臂架头部垂下至吊钩的起升钢丝绳重量）。

25. B、C、D、E。本题考核的是焊缝形式。按施焊时焊缝在空间所处位置，分为平焊缝、立焊缝、横焊缝、仰焊缝四种形式。A 选项为焊缝按其结合形式的分类。

26. B、D、E。本题考核的是施工现场计量器具的使用要求。使用中的钢卷尺，若有自卷或制动式钢卷尺拉出、收缩经常卡住，有阻滞失灵现象；尺带表面镀铬、镍或涂塑大面积脱皮或氧化；分度、断线不清楚；尺带扭曲或折断；尺盒严重残缺；尺带两边有锋口及毛刺等情况之一的应停止使用，由工程项目部计量管理员办理报废手续。

27. A、B、C、D。本题考核的是变更用电的规定。有下列情况之一者，为变更用电。用户需变更用电时，应事先提出申请，并携带有关证明文件，到供电企业用电营业场所办理手续，变更供用电合同：
（1）减少合同约定的用电容量（简称减容）。
（2）暂时停止全部或部分受电设备的用电（简称暂停）。因此 D 选项正确。
（3）临时更换大容量变压器（简称暂换）。因此 B 选项正确。
（4）迁移受电装置用电地址（简称迁址）。
（5）移动用电计量装置安装位置（简称移表）。
（6）暂时停止用电并拆表（简称暂拆）。
（7）改变用户的名称（简称更名或过户）。因此 C 选项正确。
（8）一户分列为两户及以上的用户（简称分户）。
（9）两户及以上用户合并为一户（简称并户）。
（10）合同到期终止用电（简称销户）。
（11）改变供电电压等级（简称改压）。因此 A 选项正确。
（12）改变用电类别（简称改类）。
因此本题选 A、B、C、D。

28. C、D、E。本题考核的是特种设备种类。纳入"特种设备目录"的安全附件品种包括安全阀、爆破片装置、紧急切断阀、气瓶阀门。

29. A、B。本题考核的是分项工程划分的依据。电气工程分项工程应按电气设备或电气线路进行划分。

30. A、B、D、E。本题考核的是建筑安装工程检验批的质量验收项目。主控项目是保证工程安全和使用功能的重要检验项目，是对安全、卫生、环境保护和公共利益起决定性作用的检验项目，是确定该检验批主要性能的项目，因此必须全部符合有关专业工程验收规范的规定。管道的压力试验、风管系统的严密性检验、电气的绝缘与接地测试等均是主控项目。

根据《建筑电气工程施工质量验收规范》GB 50303—2015 规定，母线槽的金属外壳等外露可导电部分应与保护导体可靠连接，并应符合下列规定：（1）每段母线槽的金属外壳间应连接可靠，且母线槽全长与保护导体可靠连接不应少于 2 处；（2）分支母线槽的金属外壳末端应与保护导体可靠连接；（3）连接导体的材质、截面积应符合设计要求。检查数量：全数检查。检查方法：观察检查并用尺量检查。因此 A 选项符合题目要求。

根据《建筑电气工程施工质量验收规范》GB 50303—2015 规定，金属电缆支架必须与保护导体可靠连接。检查数量：明敷的全数检查，暗敷的按每个检验批抽查 20%，且不得少于 2 处。检查方法：观察检查并查阅隐蔽工程检查记录。C 选项这里没有表述是明敷还是暗敷，因此 C 选项不选。

根据《建筑防烟排烟系统技术标准》GB 51251—2017 规定，风机驱动装置的外露部位应装设防护罩；直通大气的进、出风口应装设防护网或采取其他安全设施，并应设防雨措施。检查数量：全数检查。检查方法：依据设计图核对、直观检查。因此 B 选项符合题目要求。

安装在主干管上起切断作用的闭路阀门,应逐个做强度试验和严密性试验。截断阀又称闭路阀,其作用是接通或截断管路中的介质;截断阀类型包括闸阀、截止阀、旋塞阀、球阀、蝶阀和隔膜等。因此 D 选项符合题目要求。

质量大于 10kg 的灯具,固定装置及悬吊装置应按灯具重量的 5 倍恒定均布载荷做强度试验,且持续时间不得少于 15min。施工或强度试验时观察检查、查阅灯具固定装置及悬吊装置的载荷强度试验记录,应全数检查。因此 E 选项符合题目要求。

三、实务操作和案例分析题

(一)

1. E 单位突然降价的投标做法没有违规。

理由:E 单位是在投标截止时间前采取突然降价法,属于正常的投标策略,所以不违规。

2. 图 1 中排烟防火阀安装和排烟风管法兰连接的正确要求:

(1) 排烟防火阀至隔墙的距离太远。

正确做法:防火墙两侧的防火阀,距墙表面应不大于 200mm。

(2) 排烟防火阀没有设置独立支吊架。

正确做法:排烟防火阀应设独立支吊架。

(3) 风管法兰连接的垫片厚度为 2mm 不正确。

正确做法:根据《建筑防烟排烟系统技术标准》GB 51251—2017,风管接口的连接应严密、牢固,垫片厚度不应小于 3mm,不应凸入管内和法兰外;排烟风管法兰垫片应为不燃材料。

(4) 法兰连接处的螺栓孔间距为 250mm 不正确。

正确做法:本题中排烟管道为中压,中、低压系统矩形风管法兰螺栓及铆钉间距应小于等于 150mm。

3. 根据背景资料,金属梯架全长 45m,应至少设置 3 个与接地保护导体的连接点。

连接点分别设置在起始端、中间端、终点端。

4. 根据背景资料,风管(镀锌钢板)制作安装的工程量清单综合单价为 600 元/m^2,施工开始后,镀锌钢板的市场价格上涨,其风管制作安装的工程量清单调整期综合单价为 648 元/m^2,因此变动涨幅率为:(648-600)/600=8%,超出涨幅 5%,所以风管制作安装工程的合同价款应予以调整。

调整金额:[648-600×(1+5%)]×10000=18 万元

竣工结算价款:3000+18+50-200-100-90=2678 万元

(二)

1. 作业进度计划被否定的原因:电杆组立和导线架设同时进行,不符合要求,应先进行电杆组立,电杆组立完成后再进行导线架设。

修改后的施工临时用电工程作业进度计划工期需 50d。

2. B 公司制定的安全生产责任体系中的不妥之处及理由:

（1）不妥之处一：由项目副经理全面领导负责安全生产，为安全生产第一责任人。

理由：项目经理应全面领导安全生产，为工程项目安全生产第一责任人。

（2）不妥之处二：由项目总工程师对本项目的安全生产负部分领导责任。

理由：项目总工程师对本项目的安全生产负技术责任。

3. 本工程的架空导线在断线后的返工修复应达到的要求为：

（1）应确保任一档距内只能有一个接头；当跨越铁路、高速公路、通行河流等区域时，不得有接头。

（2）导线连接应接触良好，其接触电阻不应超过同长度导线电阻的 1.2 倍。

（3）导线连接处应有足够的机械强度，其强度不应低于导线强度的 95%。

4. 图 2 中：部件①为横担，作用是：装在电杆上端，用来固定绝缘子架设导线的，有时也用来固定开关设备或避雷器等。

部件②为绝缘子，作用是：用来支持固定导线，使导线对地绝缘，并还承受导线的垂直荷重和水平拉力。

（三）

1. A 公司对 B 公司进行考核和管理的内容还有：技术设备、履约能力和技术管理人员资格。

2. 自动喷水灭火系统安装中被监理工程师要求整改的原因：

（1）喷洒头运到施工现场，经外观检查后立即与消防管道同时进行了安装，未进行密封性能试验，管道未进行试压冲洗。

理由：自动喷水灭火系统喷洒头应在安装前进行密封性能试验，并且在系统试压、冲洗合格后进行安装。

（2）喷洒头溅水盘距顶棚为 200mm，不符合规范要求。

理由：喷洒头溅水盘距顶棚应为 75～150mm。

3. 自动喷水灭火系统的通水调试还应包括：消防水泵调试，稳压泵调试，排水设施调试。

4. 消防管道维修不在保修期内。

理由：给水排水管道保修期为 2 年，背景资料中描述消防管道维修的保修期已超过 2 年，故不在保修期内。

维修费用由建设单位承担。

（四）

1. 图 4 中：

（1）滑动支架高度修改：滑动支架的高度应大于保温层的厚度，背景中管道采用 70mm 厚岩棉保温，滑动支架高度为 50mm，应增加支架高度至稍大于 70mm。

（2）吊点安装位置修改：蒸汽管道有热位移，其吊杆吊点应设在热位移的反方向，按位移值的 1/2 偏位安装。

2. 锅炉按出厂形式分为：整装锅炉、散装锅炉。

锅炉生产厂家还应补充：受压元件的强度计算书或计算结果的汇总表，安全阀排放量的计算书或计算结果汇总表。

3. 安全技术交底还应补充：工程项目和分部分项的概况，发现事故隐患应采取的措施，发生事故后应采取的避难、应急、急救措施。

将安全技术交底记录整理归档为一式两份，分别由安全员和施工班组留存，不妥。应为：安全技术交底记录一式三份，分别由工长、施工班组和安全员留存。

4. 监理工程师要求修改施工组织设计合理。

理由：蒸汽主管的焊接方法改变属于施工方法有重大调整，需对施工组织设计进行修改。

2021年度全国二级建造师执业资格考试

《机电工程管理与实务》

真题及解析

学习遇到问题？
扫码在线答疑

2021年度《机电工程管理与实务》真题

一、单项选择题（共20题，每题1分。每题的备选项中，只有1个最符合题意）

1. 对开式滑动轴承的安装工作不包括（　　）。
   A. 胀套　　　　　　　　　　B. 清洗
   C. 刮研　　　　　　　　　　D. 检查

2. 新建供电系统，逐级送电的顺序是（　　）。
   A. 先高压后低压、先干线后支线　　B. 先高压后低压、先支线后干线
   C. 先低压后高压、先干线后支线　　D. 先低压后高压、先支线后干线

3. 关于管道安装后需要静电接地的说法，正确的是（　　）。
   A. 每对法兰必须设置导线跨接　　　B. 静电接地线应采用螺栓连接
   C. 跨接引线与不锈钢管道直接连接　D. 静电接地安装后应进行测试

4. 锅炉受热面组件采用直立式组合的优点是（　　）。
   A. 组合场占用面积大　　　　B. 便于组件吊装
   C. 钢材耗用量小　　　　　　D. 安全状况较好

5. 下列工序中，不属于工业钢结构一般安装程序的是（　　）。
   A. 部件加工　　　　　　　　B. 构件检查
   C. 基础复查　　　　　　　　D. 钢柱安装

6. 关于超声波物位计的安装要求，错误的是（　　）。
   A. 应安装在进料口的上方　　　B. 传感器宜垂直于物料表面
   C. 信号波束角内不应有遮挡物　D. 物料最高物位不应进入仪表盲区

7. 涂料进场验收时，供料方提供的产品质量证明文件不包括（　　）。
   A. 产品检测方法　　　　　　B. 技术鉴定文件
   C. 涂装工艺要求　　　　　　D. 材料检测报告

8. 在室外排水管道施工程序中，防腐施工的紧前工作是（　　）。
   A. 系统清洗　　　　　　　　B. 系统通水试验
   C. 管道安装　　　　　　　　D. 系统闭水试验

9. 关于三相四孔插座接线要求的说法，正确的是（　　）。
   A. 保护接地导体接在下孔

B. 同一场所的插座接线相序一致
C. 接地导体在插座间串联
D. 相线利用插座本体的接线端子转接供电

10. 空调绝热材料进场见证取样的复验性能中不包括（　　）。
A. 热阻　　　　　　　　　　　　B. 氧指数
C. 密度　　　　　　　　　　　　D. 吸水率

11. 下列参数中，不属于会议灯光系统要求检测的是（　　）。
A. 照度　　　　　　　　　　　　B. 色温
C. 光源　　　　　　　　　　　　D. 显色指数

12. 自动喷水灭火系统的闭式喷头在安装前应进行（　　）。
A. 喷洒性能试验　　　　　　　　B. 强度性能试验
C. 耐温性能试验　　　　　　　　D. 密封性能试验

13. 液压电梯的组成系统中不包括（　　）。
A. 曳引系统　　　　　　　　　　B. 泵站系统
C. 导向系统　　　　　　　　　　D. 电气控制系统

14. 下列社会资本投资的公用设施项目中，必须招标的是（　　）。
A. 单项施工合同估算价900万元的城市轨道交通工程
B. 合同估算价100万元的公路项目重要材料采购服务
C. 合同估算价80万元的水利工程设计服务
D. 合同估算价50万元的电力工程勘察服务

15. 下列条件中，不属于机电工程索赔成立的前提条件是（　　）。
A. 已造成承包商工程项目成本的额外支出
B. 承包商按规定时限提交索赔意向通知和报告
C. 承包商履约过程中发现合同的管理漏洞
D. 造成工期损失的原因不是承包商的责任

16. 下列情况中，不需要修改或补充施工组织设计的是（　　）。
A. 工程设计有重大修改　　　　　B. 施工环境有重大改变
C. 施工班组有重大调整　　　　　D. 主要施工方法有重大调整

17. 施工机具按类型和性能参数的选择原则中不包括（　　）。
A. 满足工程需要　　　　　　　　B. 保证质量要求
C. 施工方案需要　　　　　　　　D. 装备规划要求

18. 建设工程竣工验收时，审核竣工文件的单位是（　　）。
A. 施工单位　　　　　　　　　　B. 监理单位
C. 建设单位　　　　　　　　　　D. 设计单位

19. 下列沟通协调内容中，属于外部沟通协调的是（　　）。
A. 各专业管线的综合布置　　　　B. 重大设备安装方案的确定
C. 施工工艺做法技术交底　　　　D. 施工使用的材料有序供应

20. 建筑安装工程进度款支付的申请内容中不包括（　　）。
A. 已支付的合同价款　　　　　　B. 本月完成的合同价款
C. 已签订的预算价款　　　　　　D. 本月返还的预付价款

二、多项选择题（共10题，每题2分。每题的备选项中，有2个或2个以上符合题意，至少有1个错项。错选，本题不得分；少选，所选的每个选项得0.5分）

21. 下列材料中，不属于有机绝缘材料的有（　　）。
    A. 云母
    B. 石棉
    C. 硫黄
    D. 橡胶
    E. 矿物油

22. 动力式压缩机按结构形式和工作原理可分为（　　）。
    A. 轴流式压缩机
    B. 容积式压缩机
    C. 离心式压缩机
    D. 往复式压缩机
    E. 混流式压缩机

23. 管道工程施工测量的准备工作应包括（　　）。
    A. 勘察施工现场
    B. 绘制施测草图
    C. 确定施测精度
    D. 设置沉降观测点
    E. 测设施工控制桩

24. 关于起重卸扣的使用要求，正确的有（　　）。
    A. 按额定负荷标记选用
    B. 无标记的不得使用
    C. 可用焊接的方法修补
    D. 永久变形后应报废
    E. 只应承受纵向的拉力

25. 关于焊接操作要求的说法，正确的有（　　）。
    A. 定位焊缝不得熔入正式焊缝
    B. 不得在焊接坡口内试验电流
    C. 盖面焊道不得锤击消除应力
    D. 焊机电流表未校验不得使用
    E. 焊接中断时应控制冷却速度

26. 关于声级计的使用要求，正确的有（　　）。
    A. 选用的量程和精度应满足噪声检测要求
    B. 送所属企业的计量管理部门校准或校验
    C. 定期送法定或授权的计量检定机构检定
    D. 经验货和验证合格后即可发放使用测量
    E. 必须具有计量检定证书或计量检定标记

27. 企业申请新装用电时，应向供电部门提供的资料包括（　　）。
    A. 用电负荷
    B. 用电性质
    C. 用电设备
    D. 用电规划
    E. 用电方法

28. 关于压力容器许可制度的说法，正确的有（　　）。
    A. 固定式压力容器安装不单独许可
    B. 各类气瓶安装无需许可
    C. 压力容器改造需单独许可
    D. 压力容器重大修理需单独许可
    E. A1级可覆盖A2级、D级

3

29. 关于工业安装工程质量验收的说法，正确的有（   ）。
   A. 质量检验数量应符合验收标准
   B. 隐蔽工程应在隐蔽前验收合格
   C. 单位工程的验收由监理单位组织
   D. 质量验收前施工单位应自检合格
   E. 分包工程的质量验收由分包单位申报
30. 下列建筑安装工程检验批的质量验收项目中，属于主控项目的是（   ）。
   A. 母线槽的绝缘电阻值　　　　　　B. 卫生器具安装的水平度
   C. 空调水管的支架间距　　　　　　D. 金属风管的严密性检验
   E. 风机盘管排水管坡度

三、实务操作和案例分析题（共4题，每题20分）

(一)

背景资料：

某市财政拨款建设一综合性三甲医院，其中通风空调工程采用电子方式公开招标。某外省施工单位在电子招标投标交易平台注册登记，当下载招标文件时，被告知外省施工单位需提前报名、审核通过后方可参与投标。

最终该施工单位中标，签订了施工承包合同，采用固定总价合同，签约合同价3000万元（含暂列金额100万元）。合同约定：工程的主要设备由建设单位限定品牌，施工单位组织采购，预付款20%；工程价款结算总额的3%作为质量保修金。

500台同厂家的风机盘管机组进入施工现场后，按不考虑产品节能认证等情况，施工单位抽取了一定数量的风机盘管机组进行了现场节能复验，复验的性能参数包括机组的供冷量、供热量和水阻力等。

排烟风机进场报验后，安装就位于屋顶的混凝土基础上，风机与基础之间安装橡胶减振垫，设备与排烟风管之间采用长度200mm的普通帆布短管连接（图1）。监理单位在验收过程中，发现排烟风机的上述做法不合格，要求施工单位整改。

工程竣工结算时，经审核预付款已全部抵扣完成，设计变更增加费用80万元，暂列金额无其他使用。

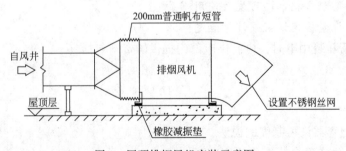

图1　屋顶排烟风机安装示意图

问题：

1. 要求外省施工单位需提前审核通过后方可参与投标是否合理？说明理由。

2. 风机盘管机组的现场节能复验应在什么时点进行？还应复验哪些性能参数？复验数量最少选取多少台？

3. 指出图1屋顶排烟风机安装的不合格项。应怎么纠正？

4. 计算本工程质量保修金的金额。本工程进度价款的结算方式可以有哪几种方式？

（二）

背景资料：

某施工单位承包一新建风电项目的 35kV 升压站和 35kV 架空线路，根据线路设计，架空线路需跨越铁路，升压站内设置一台 35kV 的油浸式变压器。施工单位项目部及生活营地设置在某行政村旁，项目部进场后，未经铁路部门许可，占用铁路用地存放施工设备，受到铁路部门处罚，停工处理，造成了工期延误。

设计交底后，项目部依据批准的施工组织设计和施工方案，逐级进行了交底。但在变压器管母线安装时，发现母线出线柜出口与变压器接口不在同一直线上，导致管母线无法安装。经核实，是因变压器基础位置与站内道路冲突，土建设计师已对变压器基础进行了位置变更，但电气设计师未及时跟进电气图纸修改，管母线仍按原设计图供货，经协调，管母线返厂加工处理。为保证合同工期，项目部组织人员连夜加班，进行管母线安装，采用大型照明灯，增配电焊机、切割机等机具，期间因扰民被投诉，项目部整改后完成施工，但造成了工期延误。

升压站安装完成后，进行了变压器交接试验，变压器交接试验内容见表1，监理认为变压器交接试验内容不全，项目部补充了变压器交接试验项目，通过验收。

表1 变压器交接试验内容

序号	试验内容	试验部位
1	吸收比	绕组
2	变比测试	绕组
3	组别测试	绕组
4	绝缘电阻	绕组、铁芯及夹件
5	介质损耗因数	绕组连同套管
6	非纯瓷套管试验	套管

问题：

1. 项目部在设置生活营地时需要与哪些部门沟通协调？
2. 在降低噪声和控制光污染方面，项目部应采取哪些措施？
3. 变压器交接试验还应补充哪些项目？
4. 造成本工程工期延误的原因有哪些？

（三）

背景资料：

某安装公司中标一机电工程项目，承包内容有工艺设备及管道工程、暖通工程、电气工程和给水排水工程。安装公司项目部进场后，进行了成本分析，并将计划成本向施工人员进行交底；依据施工总进度计划，组织施工，合理安排人员、材料、机械等，使工程按合同要求进行。

在工艺设备运输及吊装前，施工员向施工班组进行施工技术交底，施工技术交底内容包含施工时间、工艺设备安装位置、安装质量标准、质量通病及预防办法等。

在设备机房施工期间，现场监理工程师发现某工艺管道取源部件的安装位置如图2所示，认为该安装位置不符合规范要求，要求项目部整改。

施工期间，露天水平管道绝热施工验收合格后，进行金属薄钢板保护层施工时，施工人员未严格按照技术交底文件施工，水平管道纵向接缝不符合规范规定，被责令改正。

在工程竣工验收后，项目部进行了成本分析，数据收集见表2。

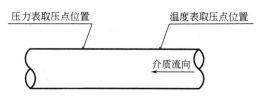

图2 取源部件安装位置示意图

表2 成本分析数据表

序号	分部工程名称	实际发生成本（万元）	成本降低率（%）
1	暖通工程	450	10
2	电气工程	345	-15
3	给水排水工程	300	25
4	工艺设备及管道工程	597	0.5

问题：

1. 工艺设备施工技术交底中，还应增加哪些施工质量要求？
2. 图2中气体管道压力表与温度表取源部件位置是否正确？说明理由。蒸汽管道的压力表取压点安装方位有何要求？
3. 管道绝热按用途可分为哪几种类型？水平管道金属保护层的纵向接缝应如何搭接？
4. 列式计算本工程的计划成本及项目总成本降低率。

(四)

背景资料:

某安装公司总承包某项目气体处理装置工程,业主已将其划分为一个单位工程,包括土建工程、设备工程、管道工程等分部工程。其核心设备的气体压缩机为分体供货现场安装,气体处理装置厂房为钢结构,厂房内安装2台额定吊装重量为30/5t的桥式起重机。

安装公司编制了压缩机吊装专项施工方案,计划在厂房封闭和桥式起重机安装完成后,进行气体压缩机的吊装;自重30t以上的压缩机部件采取两台桥式起重机抬吊工艺,其余部件采用单台桥式起重机吊装。安装公司组织了吊装专项施工方案的专家论证,专家组要求完善方案审核、审查及签字手续后,进行了方案论证。

吊装专项施工方案审批通过后,安装公司对施工人员进行了方案交底,在压缩机底座吊装固定后,进行压缩机部件的组装调整,重点是对压缩机轴瓦、轴承等运动部件的间隙进行调整和压紧调整等,保证了压缩机安装质量。气体压缩机厂房立面示意图如图3所示。

在压缩机试运行阶段,安装公司向监理工程师提交了单机试运行申请,监理工程师经查验后,提出压缩机还不具备单机试运行条件,因安装公司除润滑油系统循环清洗合格外,还有其他设备、系统均未进行调试。安装公司完成调试后,压缩机单机试运行验收合格。

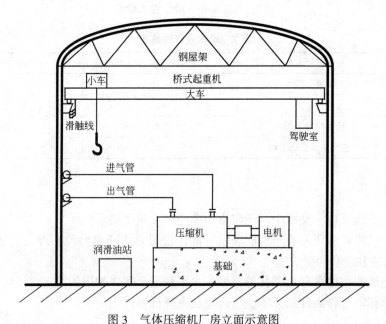

图3 气体压缩机厂房立面示意图

问题:

1. 气体处理装置工程还有哪些分部工程?
2. 分别写出气体压缩机吊装专项施工方案的审核及审查人员。方案实施的现场监督应是哪个人员?

3. 依据解体设备安装一般程序,压缩机固定后在试运行前有哪些工序?压缩机的装配精度包括哪些方面?

4. 压缩机单机试运行前还应完成哪些设备及系统的调试?

2021 年度真题参考答案及解析

一、单项选择题

1. A；	2. A；	3. D；	4. B；	5. A；
6. A；	7. C；	8. D；	9. B；	10. B；
11. C；	12. D；	13. A；	14. A；	15. C；
16. C；	17. D；	18. B；	19. B；	20. C。

【解析】

1. A。本题考核的是对开式滑动轴承装配。对开式滑动轴承的安装过程，包括轴承的清洗、检查、刮研、装配、间隙调整和压紧力的调整。

2. A。本题考核的是电气设备受电步骤。受电步骤：

（1）受电系统的二次回路试验合格，其保护整定值已按实际要求整定完毕。受电系统的设备和电缆绝缘良好。安全警示标志和消防设施已布置到位。

（2）按已批准的受电作业指导书，组织新建电气系统变压器高压侧接受电网侧供电，通过配电柜按先高压后低压、先干线后支线的原则逐级试通电。

3. D。本题考核的是工业管道静电接地安装要求。静电接地安装要求：

（1）有静电接地要求的管道，当每对法兰或其他接头间电阻值超过 0.03Ω 时，应设导线跨接。因此 A 选项说法错误。

（2）管道系统的接地电阻值、接地位置及连接方式按设计文件的规定，静电接地线宜采用焊接形式。因此 B 选项说法错误。

（3）有静电接地要求的不锈钢和有色金属管道，导线跨接或接地引线不得与管道直接连接，应采用同材质连接板过渡。因此 C 选项说法错误。

（4）静电接地安装完毕后，必须进行测试，电阻值超过规定时，应进行检查与调整。因此 D 选项说法正确。

4. B。本题考核的是锅炉受热面组合形式。直立式组合就是按设备的安装状态来组合支架，将联箱放置（或悬吊）在支架上部，管屏在联箱下面组装。其优点在于组合场占用面积小，便于组件的吊装；缺点在于钢材耗用量大，安全状况较差。

5. A。本题考核的是工业钢结构安装程序。钢结构一般安装程序为：构件检查→基础复查→钢柱安装→支撑安装→梁安装→平台板（层板、屋面板）安装→围护结构安装。因此 A 选项不属于工业钢结构一般安装程序。

6. A。本题考核的是物位检测仪表安装。超声波物位计的安装应符合下列要求：不应安装在进料口的上方；传感器宜垂直于物料表面；在信号波束角内不应有遮挡物；物料的最高物位不应进入仪表的盲区。因此 A 选项错误，正确的是：不应安装在进料口的上方。

7. C。本题考核的是防腐蚀工程涂装技术要求。涂料进场时，除供料方提供的产品质量证明文件外，尚应提供涂装的基体表面处理和施工工艺等要求。产品质量证明文件应包括：产品质量合格证，产品质量技术指标及检测方法，材料检测报告或技术鉴定文件。

8. D。本题考核的是室外排水管道工程施工程序。室外排水管道工程施工程序：施工准备→材料验收→管道测绘放线→管道沟槽开挖→管道加工预制→管道安装→排水管道窨井施工→系统闭水试验→防腐→系统清洗→系统通水试验→管道沟槽回填。对于考查施工程序类型的考题，出题形式可以是考查紧前、紧后工序，还可以是对施工程序排序判断正误，或判断施工程序范围，如"下列工序中，不属于××安装程序的是（   ）"，考生要注意这类题型的考核。

9. B。本题考核的是插座安装技术要求。三相四孔及三相五孔插座的保护接地导体（PE）应接在上孔，因此 A 选项说法错误。插座的保护接地导体端子不得与中性导体端子连接；同一场所的三相插座，其接线的相序应一致，因此 B 选项说法正确。保护接地导体（PE）在插座之间不得串联连接，因此 C 选项说法错误。相线与中性导体（N）不应利用插座本体的接线端子转接供电，因此 D 选项说法错误。

10. B。本题考核的是防腐绝热施工技术要求。绝热材料进场时，应对材料的导热系数或热阻、密度、吸水率等性能进行见证取样检验；复验合格后方可开始安装。因此 B 选项不属于空调绝热材料进场见证取样的复验性能。

11. C。本题考核的是会议电视系统的检测项目。会议灯光系统的检测宜包括照度、色温和显色指数。因此 C 选项不属于会议灯光系统要求检测的项目。

12. D。本题考核的是自动喷水灭火系统施工要求。自动喷水灭火系统的闭式喷头应在安装前进行密封性能试验，且喷头安装必须在系统试压、冲洗合格后进行。因此 D 选项正确。

13. A。本题考核的是液压电梯的组成系统。液压电梯一般由泵站系统、液压系统、导向系统、轿厢系统、门系统、电气控制系统、安全保护系统等组成。因此 B、C、D 选项属于液压电梯的组成系统，A 选项属于曳引式或强制式电梯的组成系统。

14. A。本题考核的是必须招标的机电工程项目。根据《必须招标的工程项目规定》第五条，本规定第二条至第四条规定范围内的项目，其勘察、设计、施工、监理以及与工程建设有关的重要设备、材料等的采购达到下列标准之一的，必须招标：

（1）施工单项合同估算价在 400 万元以上。因此单项施工合同估算价 900 万元的城市轨道交通工程项目必须招标。

（2）重要设备、材料等货物的采购，单项合同估算价在 200 万元以上。因此合同估算价 100 万元的公路项目重要材料采购服务项目不需要招标。

（3）勘察、设计、监理等服务的采购，单项合同估算价在 100 万元以上。因此合同估算价 80 万元的水利工程设计服务项目、合同估算价 50 万元的电力工程勘察服务不需要招标。

同一项目中可以合并进行的勘察、设计、施工、监理以及与工程建设有关的重要设备、材料等的采购，合同估算价合计达到前款规定标准的，必须招标。

15. C。本题考核的是索赔成立的前提条件。
索赔成立的前提条件：
（1）与合同对照，事件已造成了承包商工程项目成本的额外支出，或直接工期损失。
（2）造成费用增加或工期损失的原因，按合同约定不属于承包商的行为责任或风险责任。
（3）承包商按合同规定的程序和时间提交索赔意向通知和索赔报告。

因此A、B、D选项为机电工程索赔成立的前提条件。

16. C。本题考核的是施工组织设计的修改或补充。

项目施工过程中，发生下列情况之一时，施工组织设计应及时进行修改或补充：

（1）工程设计有重大修改。

（2）主要施工方法有重大调整。

（3）有关法律、法规、规范和标准实施、修订和废止。

（4）主要施工资源配置有重大调整。

（5）施工环境有重大改变。

因此A、B、D选项所描述的情况需要修改或补充施工组织设计，而C选项所描述的情况不需要修改或补充施工组织设计。

17. D。本题考核的是施工机具的选择原则。施工机具的选择主要按类型、主要性能参数、操作性能来进行，要切合需要、实际可行、经济合理。其选择原则是：

（1）施工机具的类型，应满足施工部署中的机械设备供应计划和施工方案的需要。

（2）施工机具的主要性能参数，要能满足工程需要和保证质量要求。

（3）施工机具的操作性能，要适合工程的具体特点和使用场所的环境条件。

（4）能兼顾施工企业近几年的技术进步和市场拓展的需要。

（5）尽可能选择操作上安全、简单、可靠，品牌优良且同类设备同一型号的产品。

（6）综合考虑机械设备的选择特性。

18. B。本题考核的是机电工程项目竣工文件的编制要求。机电工程项目竣工文件由施工单位负责编制，监理单位负责审核。因此B选项正确。

19. B。本题考核的是外部沟通协调的内容。内部沟通协调的主要内容包括：施工进度计划的协调，施工生产资源配备的协调，工程质量管理的协调，施工安全与卫生及环境管理的协调，施工现场的交接与协调，工程资料的协调。各专业管线的综合布置、施工工艺做法技术交底属于内部沟通协调施工现场的交接与协调的内容，因此A、C选项属于内部沟通协调的内容。施工使用的材料有序供应属于施工生产资源配备协调的内容，因此D选项属于内部沟通协调的内容。

外部沟通协调的主要内容包括：与建设单位的沟通与协调，与监理单位的沟通与协调，与设计单位的沟通与协调，与设备材料供货单位的沟通与协调，与土建单位的沟通与协调，与地方相关部门的沟通与协调。重大设备安装方案的确定属于与建设单位的沟通与协调的内容，因此B选项属于外部沟通协调的内容。

20. C。本题考核的是机电工程施工结算中进度款支付申请的内容。进度款支付申请内容：

（1）累计已完成的合同价款。

（2）累计已实际支付的合同价款。

（3）本周期合计完成的合同价款：本周期已完成的单价项目金额，本周期应支付的总价项目金额，本周期已完成的计日工价款，本周期应支付的安全文明施工费，本周期应增加的金额。

（4）本周期合计应扣减的金额：本周期应扣回的预付款，本周期应扣减的金额。

（5）本周期实际应支付的合同价款。

建筑安装工程进度款支付的申请内容中不包括已签订的预算价款，因此本题选C。

二、多项选择题

21. A、B、C；　　　　　22. A、C、E；　　　　　23. A、B、C；
24. A、B、D、E；　　　25. C、D、E；　　　　　26. A、C、E；
27. A、B、C、D；　　　28. A、B、E；　　　　　29. A、B、D；
30. A、D。

【解析】

21. A、B、C。本题考核的是有机绝缘材料类型。有机绝缘材料有：矿物油、虫胶、树脂、橡胶、棉纱、纸、麻、蚕丝和人造丝等。因此D、E选项属于有机绝缘材料。A、B、C选项属于无机绝缘材料。

22. A、C、E。本题考核的是压缩机的分类。按照压缩气体方式可分为：容积式压缩机和动力式压缩机两大类。按结构形式和工作原理，容积式压缩机可分为往复式压缩机、回转式压缩机；动力式压缩机可分为轴流式压缩机、离心式压缩机和混流式压缩机。因此A、C、E选项属于动力式压缩机。

23. A、B、C。本题考核的是管道工程施工测量的准备工作。管道工程施工测量的准备工作：熟悉设计图纸资料，勘察施工现场，绘制施测草图，确定施测精度。因此A、B、C选项属于管道工程施工测量的准备工作。

24. A、B、D、E。本题考核的是起重卸扣的使用要求。起重卸扣的使用要求：

（1）吊装施工中使用的卸扣应按额定负荷标记选用，不得超载使用，无标记的卸扣不得使用。因此A、B选项正确。

（2）卸扣表面应光滑，不得有毛刺、裂纹、尖角、夹层等缺陷，不得利用焊接的方法修补卸扣的缺陷。因此C选项错误。

（3）卸扣使用前应进行外观检查，发现有永久变形或裂纹应报废。因此D选项正确。

（4）使用卸扣时，只应承受纵向拉力。因此E选项正确。

25. C、D、E。本题考核的是焊接操作要求。定位焊工艺要求：定位焊缝如果出现缺陷，应完全清除掉，不应熔在正式焊缝中，因此A选项错误。严禁在坡口之外的母材表面引弧或试验电流，并应防止电弧擦伤母材，因此B选项错误。焊接注意事项：在根部焊道和盖面焊道上不得锤击，因此C选项正确。焊接设备及辅助装备等应能保证焊接工作的正常进行和安全可靠，仪表应定期校验。焊机电流表使用前必须校验，因此D选项正确。对于需要预热的多层（道）焊焊件，其层间温度应不低于预热温度。焊接中断时，应控制冷却速度或采取其他措施防止其对管道产生有害影响。恢复焊接前，应按焊接工艺规程的规定重新进行预热，因此E选项正确。

26. A、C、E。本题考核的是A类计量器具管理办法。声级计属于强制性检定的计量器具，属于A类计量器具。属于强制检定的工作计量器具，可本着就地就近原则，送法定或者授权的计量检定机构检定。因此C选项正确。计量器具送所属企业的计量管理部门校准或校验是B类计量器具的管理要求，因此B选项不符合题意要求。计量器具经验货和验证合格后即可发放使用测量属于C类计量器具的管理要求，因此D选项不符合题意要求。所选用的计量器具和测量设备，必须具有计量检定证书或计量检定标记，因此E选项正确。所选用计量器具的量程、精度和记录方式，适应的范围和环境，必须满足被测对象及检测内容的计量要求，使被测对象在量程范围内，因此A选项正确。[备注：声级计是最基本的噪声测量仪器。]

27. A、B、C、D。本题考核的是用电手续的规定。用户申请新装或增加用电时，应向供电企业提供用电工程项目批准的文件及有关的用电资料，包括用电地点、电力用途、用电性质、用电设备、用电设备清单、用电负荷、保安电力、用电规划等，并依照供电企业规定如实填写用电申请书及办理所需手续。因此本题应当选择 A、B、C、D 选项。

28. A、B、E。本题考核的是压力容器许可制度。固定式压力容器安装不单独进行许可，各类气瓶安装无需许可，因此 A、B 选项正确。压力容器改造和重大修理由取得相应级别制造许可的单位进行，不单独进行许可，因此 C、D 选项不正确。根据《市场监管总局关于特种设备行政许可有关事项的公告》（2021 年第 41 号）中"特种设备生产单位许可目录"，压力容器制造（含安装、修理、改造）许可，A1 级覆盖 A2 级、D 级，因此 E 选项正确。

29. A、B、D。本题考核的是工业安装工程质量验收。为便于现场实施，施工质量的检验方法、检验数量、检验结果记录应符合各专业工程施工质量验收标准的规定，因此 A 选项正确。隐蔽工程在隐蔽前应进行验收，验收合格后并签署验收记录后方可继续施工，因此 B 选项正确。单位（子单位）工程的验收应在各分部工程验收合格的基础上，由施工单位（总承包单位）向监理（建设）单位提出报验申请，由建设单位项目负责人组织监理、设计、施工单位等项目负责人及质量技术负责人进行验收，并应填写验收记录，因此 C 选项错误。工程施工质量的验收应在施工单位自行检验合格的基础上进行，因此 D 选项正确。检验项目（检验批）、分项工程应在施工单位自检合格的基础上，由施工单位（总承包单位）向建设单位（监理单位）提出报验申请，由建设单位专业工程师（监理工程师）组织施工单位（总承包单位）项目专业工程师进行验收，并应填写验收记录，因此 E 选项错误。

30. A、D。本题考核的是建筑安装工程检验批的施工质量验收合格的规定。主控项目是保证工程安全和使用功能的重要检验项目，是对安全、卫生、环境保护和公共利益起决定性作用的检验项目，是确定该检验批主要性能的项目，因此必须全部符合有关专业工程验收规范的规定。一般项目是除主控项目以外的检验项目，可以允许有偏差的项目。例如，管道的压力试验、风管系统的严密性检验、电气的绝缘与接地测试等均是主控项目。因此 A、D 选项为主控项目。

三、实务操作和案例分析题

（一）

1. 要求外省施工单位需提前审核通过后方可参与投标不合理。

理由：任何单位和个人不得在电子招标投标活动中设置前置条件（投标报名、审核通过）限制投标人下载招标文件。

2. 风机盘管机组应在进场时（安装前）进行现场节能复验，还应对其风量、功率及噪声等性能参数进行复验，复验数量最少选取：500×2%＝10 台。

3. 屋顶排烟风机安装的不合格项：
（1）不应设置橡胶减振垫（减振装置）。
（2）排烟风机与风管之间不能采用普通的帆布短管连接。
纠正措施：

（1）取消橡胶减振垫（减振装置，或设置弹簧减振器）。
（2）排烟风机与风管之间采用直接连接（或不燃柔性短管连接）。
4. 本工程质量保修金的金额计算：
（1）工程价款结算总额＝合同价款＋施工过程中合同价款调整数额＝（3000－100）＋80＝2980万元
（2）工程质量保修金＝2980×3%＝89.4万元

本工程进度价款的结算方式可以有：定期结算（按月结算）、分段结算、竣工后一次性结算、目标结算、约定结算方式。

（二）

1. 项目部在设置生活营地时，需要与乡政府（村委会）、公安、医疗、电力管理部门沟通协调。
2. 在降低噪声和控制光污染方面，项目部应采取的措施：
（1）对于切割设备，要增加隔音罩（隔声措施），采取隔振措施。
（2）对于照明灯具，要控制照射角度，照明灯和电焊机采取遮挡措施。
3. 变压器交接试验还应补充的项目包括：绝缘油试验、绕组连同套管交流耐压试验、绕组连同套管直流电阻测量。
4. 造成本工程工期延误的原因有：
（1）设计单位图纸修改不及时，施工单位施工现场协调不好。
（2）施工措施（施工方法）不当。

（三）

1. 工艺设备施工技术交底中，还应增加下列施工质量要求：工艺设备吊装运输的质量保证措施，检验、试验和质量检查验收评级依据。
2. 图2中气体管道压力表与温度表取源部件位置不正确。
理由：压力取源部件应安装在温度取源部件的上游侧。
蒸汽管道的压力表取压点安装方位要求：在管道的上半部（下半部与管道水平中心线成0°~45°夹角内）。
3. 管道绝热按用途分为：保温、保冷、加热保护三种类型。
水平管道金属保护层的纵向接缝应采取顺水搭接（上搭下）。
4. 本工程的计划成本及项目总成本降低率计算：
（1）暖通工程：
计划成本＝实际成本/(1－成本降低率)＝450/(1－10%)＝500万元
（2）电气工程：
计划成本＝实际成本/(1－成本降低率)＝345/[1－(－15%)]＝300万元
（3）给水排水工程：
计划成本＝实际成本/(1－成本降低率)＝300/(1－25%)＝400万元
（4）工艺设备及管道工程：
计划成本＝实际成本/(1－成本降低率)＝597/(1－0.5%)＝600万元
（5）总成本降低率＝(计划成本－实际成本)/计划成本＝[(500＋300＋400＋600)－(450＋

345+300+597)]/(500+300+400+600)=6%

(四)

1. 气体处理装置工程还有的分部工程：钢结构工程、防腐蚀工程、电气工程、自动化仪表工程。

2. 气体压缩机吊装专项施工方案的审核人员应是安装公司技术负责人，审查人员是总监理工程师；方案实施的现场监督应是安装公司该项目专职安全管理员。

3. 依据解体设备安装一般程序，压缩机固定后在试运行前的工序有：设备灌浆、零部件清洗、装配、设备加油。

压缩机的装配精度包括：各运动部件相对运动精度、配合面之间的配合精度和接触质量。

4. 压缩机单机试运行前，还应完成驱动装置、电机、冷却系统、电气系统、控制系统的调试。

2020年度全国二级建造师执业资格考试

《机电工程管理与实务》

真题及解析

2020年度《机电工程管理与实务》真题

一、单项选择题（共20题，每题1分。每题的备选项中，只有1个最符合题意）

1. 关于氧化镁电缆特性的说法，错误的是（　　）。
   A. 氧化镁绝缘材料是无机物　　B. 电缆允许工作温度可达250℃
   C. 燃烧时会发出有毒的烟雾　　D. 具有良好的防水和防爆性能

2. 下列风机中，属于按照排气压强划分的是（　　）。
   A. 通风机　　　　　　　　　　B. 混流式风机
   C. 轴流式风机　　　　　　　　D. 单级风机

3. 机电安装工程测量的基本程序内容中，不包括（　　）。
   A. 设置纵、横中心线　　　　　B. 仪器校准或检定
   C. 安装过程测量控制　　　　　D. 设置标高基准点

4. 自动化仪表安装施工程序中，"综合控制系统试验"的紧后工序是（　　）。
   A. 投运　　　　　　　　　　　B. 回路试验、系统试验
   C. 交接验收　　　　　　　　　D. 仪表电源设备试验

5. 施工单位应急预案体系组成的文件不包括（　　）。
   A. 综合应急预案　　　　　　　B. 专项应急预案
   C. 专项施工方案　　　　　　　D. 现场处置方案

6. 建筑智能化工程中，电动阀门安装前应进行的试验是（　　）。
   A. 模拟动作试验　　　　　　　B. 阀门行程试验
   C. 关紧力矩试验　　　　　　　D. 直流耐压测试

7. 下列消防系统调试内容中，不属于自动喷水灭火系统的是（　　）。
   A. 稳压泵调试　　　　　　　　B. 消防水泵调试
   C. 喷射功能调试　　　　　　　D. 排水设施调试

8. 电梯渐进式安全钳动作试验的载荷为（　　）。
   A. 50%额定载重量　　　　　　B. 100%额定载重量
   C. 110%额定载重量　　　　　 D. 125%额定载重量

9. 下列文件中，不属于施工技术交底依据的是（　　）。
   A. 施工合同　　　　　　　　　B. 施工组织设计

C. 施工图纸 D. 专项施工方案

10. 下列影响施工进度计划的因素中，属于施工单位管理能力的是（ ）。
   A. 材料价格的上涨 B. 安装失误造成返工
   C. 新标准技术培训 D. 施工图纸设计变更

11. 下列施工质量控制行为中，属于事中控制的是（ ）。
   A. 施工资格审查 B. 施工方案审批
   C. 检验方法审查 D. 施工变更审查

12. 下列临时用电的做法中，存在事故隐患的是（ ）。
   A. 电线电缆架空或穿管敷设 B. 配电箱进线采用三相五线制
   C. 电动工具均有漏电保护 D. 照明箱外壳未接保护零线

13. 下列绿色施工环境保护措施中，属于扬尘控制的是（ ）。
   A. 对建筑垃圾进行分类 B. 施工现场出口设置洗车槽
   C. 防腐保温材料妥善保管 D. 施工后恢复被破坏的植被

14. 机电工程项目成本控制的方法中，属于施工准备阶段控制的是（ ）。
   A. 成本差异分析 B. 施工成本核算
   C. 优化施工方案 D. 注意工程变更

15. 单机试运行方案由施工项目总工程师组织编制后，审定人是（ ）。
   A. 项目经理 B. 企业总工程师
   C. 建设单位负责人 D. 总监理工程师

16. 关于施工计量器具使用管理的说法，错误的是（ ）。
   A. 属于强制检定的应按周期进行检定
   B. 企业应建立完善的计量器具管理制度
   C. 任何单位和个人不得擅自拆卸、改装计量基准
   D. 强制检定周期可根据企业实际使用情况来确定

17. 下列情况中，无需到供电部门办理用电手续的是（ ）。
   A. 增加用电 B. 变更用电
   C. 增设一级配电 D. 新装用电

18. 压力容器安装前，不需要查验的是（ ）。
   A. 竣工图样和产品合格证 B. 产品质量证明文件
   C. 压力容器监督检验证书 D. 使用维护保养说明

19. 砌体工程量小于 $100m^3$ 的炉窑砌筑工程，在施工质量验收时应划分为（ ）。
   A. 分部工程 B. 分项工程
   C. 检验批 D. 子分部工程

20. 建筑安装工程分部工程质量验收的负责人是（ ）。
   A. 专业监理工程师 B. 施工项目经理
   C. 设计单位技术负责人 D. 建设单位项目负责人

二、多项选择题（共10题，每题2分。每题的备选项中，有2个或2个以上符合题意，至少有1个错项。错选，本题不得分；少选，所选的每个选项得0.5分）

21. 关于履带起重机安全作业的说法，正确的有（ ）。
   A. 履带最大接地比压小于地面承载力

B. 定期检验报告应在有效期内
C. 负载行走应按说明书的要求操作
D. 转场安装拆卸均不需要检查验收
E. 双机抬吊各承载小于额定载荷的80%

22. 焊接作业时，焊工遵循的作业文件有（   ）。
A. 焊接作业指导书　　　　　　　　B. 焊接工艺评定报告
C. 技术交底记录　　　　　　　　　D. 焊缝检验方案
E. 焊缝热处理方案

23. 设备找正时，常用的检测方法有（   ）。
A. 钢丝挂线法　　　　　　　　　　B. 放大镜观察接触法
C. 显微镜观察法　　　　　　　　　D. 高精度经纬仪测量法
E. 导电接触讯号法

24. 关于电力架空线路架设及试验的说法中，正确的有（   ）。
A. 导线连接接触电阻不应超过同长度导线电阻的2倍
B. 检查架空线各相两侧的相位应一致
C. 在额定电压下对空载线路的冲击合闸试验应进行3次
D. 导线连接处的机械强度不应低于导线强度的90%
E. 检验导线接头的连接质量可用红外线测温仪

25. 关于工业管道系统压力试验的说法，正确的有（   ）。
A. 脆性材料管道严禁进行气压试验
B. 在热处理前完成管道的压力试验
C. 试验合格后应及时填写试验记录
D. 压力试验宜采用液体作为试验介质
E. 严禁在金属材料的脆性转变温度下试压

26. 下列设备中，属于工业整装锅炉附件的有（   ）。
A. 省煤器　　　　　　　　　　　　B. 引风机
C. 风管除尘器　　　　　　　　　　D. 汽包
E. 水冷壁

27. 金属浮顶罐充水试验的检验内容主要有（   ）。
A. 罐壁强度　　　　　　　　　　　B. 浮顶升降试验
C. 储罐容积　　　　　　　　　　　D. 排水管严密性
E. 罐底严密性

28. 关于建筑室内管道安装的说法，正确的有（   ）。
A. 不同材质管道应先安装塑料管道后安装钢质管道
B. 埋地管道应在安装结束隐蔽之前进行隐蔽工程验收
C. 冷热水管道垂直安装时热水管道应在冷水管道左侧
D. 金属排水横管固定在承重结构上的固定件间距不大于3m
E. 室内排水立管与排出管端部的连接可采用两个45°弯头

29. 关于导管内穿线和槽盒内敷线的说法，正确的有（   ）。
A. 同一交流回路导线可穿入不同金属导管内

B. 不同电压等级的导线不能穿在同一导管内

C. 同一槽盒内不宜同时敷设绝缘导线和电缆

D. 导管内的导线接头应设置在专用接线盒内

E. 垂直安装的槽盒内导线敷设不用分段固定

30. 关于洁净空调风管制作的说法，正确的有（   ）。

A. 洁净度为 N1 级至 N5 级按中压系统风管制作

B. 空调风管清洗后立即安装的风管可以不封口

C. 内表面清洗干净且检查合格的风管可不封口

D. 镀锌钢板风管的镀锌层损坏时应做防腐处理

E. 矩形风管长度为 800mm 时不得有纵向拼接缝

三、实务操作和案例分析题（共 4 题，每题 20 分）

（一）

背景资料：

A 安装公司承包一商务楼的机电安装工程项目，工程内容包括：通风空调、给水排水、建筑电气和消防工程等。A 公司签订合同后，经业主同意，将消防工程分包给 B 公司。在开工前，A 公司组织有关工程技术管理人员，依据施工组织设计、设计文件、施工合同和设备说明书等资料，对相关人员进行项目总体交底。

A 公司项目部进场后，依据施工验收规范和施工图纸制定了金属风管的安装程序：测量放线→支吊架安装→风管检查→组合连接→风管调整→风管绝热→漏风量测试→质量检查。

风管制作材料有 1.0mm、1.2mm 镀锌钢板、角钢等。施工后，风管板材拼接、风管制作、风管法兰连接等检查均符合质量要求，但防火阀安装和风管穿墙（图1）存在质量问题，监理工程师要求项目部返工。

项目部组织施工人员返工后，工程质量验收合格。

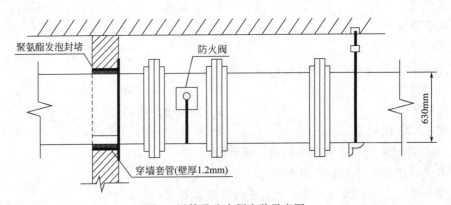

图 1　风管及防火阀安装示意图

问题：

1. 开工前，需要对哪些相关人员进行项目总体交底？
2. 项目部制定的金属风管安装程序存在什么问题？会造成什么后果？

3. 本工程的风管板材拼接应采用哪种方法？风管与风管的连接可采用哪几种连接方式？

4. 图 1 中有哪些不符合规范要求？写出正确的做法。

（二）

背景资料：

某安装公司承包某热电联产项目的机电安装工程，主要设备材料（如母线槽等）由施工单位采购。合同签订后，安装公司履行相关开工手续，编制了施工方案及各分项工程施工程序。施工方案内容主要包括：工程概况、编制依据、施工准备、质量安全保证措施。针对低压配电母线槽的安装，制定了施工程序：开箱检查→支架安装→单节母线槽绝缘测试→母线槽安装→通电前绝缘测试→送电验收。

在施工过程中，发生了以下事件：

事件1：建设单位对配电母线槽用途提出新的要求，通知了设计单位，但其未能及时修改出图，后经协调，设计单位提供了修改图纸。供货单位拿到图纸后，由于建设单位工程款未及时支付给施工单位，导致母线槽未按原定采购计划生产，安装公司催促建设单位付款后，才使母线槽送达施工现场，但已造成工期延误。

事件2：母线槽安装完成后，因没能很好地进行成品保护，遭遇雨季建筑渗水，母线槽受潮。送电前母线槽绝缘电阻测试不合格，并且部分吊架安装不符合规范要求（图2）。质检员对母线槽安装提出了返工要求，母线槽拆下后，有5节母线槽的绝缘电阻测试值见表1。母线槽经干燥处理，增加圆钢吊架后返工安装，通电验收合格，但造成了工期的延误。

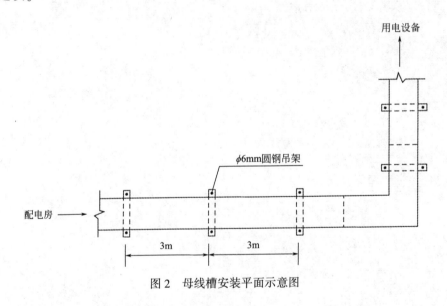

图 2 母线槽安装平面示意图

表 1 母线槽绝缘电阻测试值

母线槽	①	②	③	④	⑤
电阻值（MΩ）	30	35	10	25	0.5

问题：

1. 安装公司编制的施工方案还应包括哪些内容？

2. 表1中，哪几节母线槽绝缘电阻测试值不符合规范要求？写出合格的要求。
3. 图2中，母线槽安装有哪些不符合规范要求？写出符合规范要求的正确做法。
4. 分别指出建设、设计和施工单位的哪些原因造成了工期延误？

（三）

背景资料：

某气体处理厂新建一套天然气脱乙烷生产装置，工程内容包括脱乙烷塔、丙烷制冷机组（两套）、冷箱的安装及配套的钢结构、工艺管道、电气和仪表的安装调试等。某公司承接该项目后，成立项目部，进行项目策划。策划书中强调施工质量控制，承诺全面实行"三检制"。

安装后期，在制冷机组油冲洗前，项目部对设备滑动轴承间隙进行了测量，均符合要求。按计划冲洗后，除一路支管外，其余油管路全部冲洗合格。针对一路冲洗不合格的油管，项目部采取的冲洗措施：将其他支管及主管的连接处加设隔离盲板，加大不合格支管的冲洗流量。采取措施后冲洗合格。

试车时，主轴承烧毁，初步估计直接经济损失10万元。经查在隔离盲板拆除过程中，通往主轴承的油路上的隔离盲板漏拆。监理工程师认为项目部未能严格执行承诺的"三检制"，责令项目部限期上报质量事故报告书。项目部按要求及时编写，并上报了质量事故报告。质量事故报告内容：事故发生的时间、地点，工程项目名称，事故发生后采取的措施，事故报告单位、联系人及联系方式等。监理工程师认为质量事故报告内容不完整，需要补充。

监理工程师在检查钢结构一级焊缝表面质量时，发现存在咬边、未焊满、根部收缩、弧坑裂纹等质量缺陷，要求项目部加强焊工的培训并对焊工的资质进行了再次核查。项目部进行整顿和培训，作业人员的技术水平达到要求，项目进展顺利并按时完工。

问题：

1. 制冷机组滑动轴承间隙要测量哪几个项目？分别用什么方法测量？
2. 针对主轴承烧毁事件，项目部在"三检制"的哪些环节上出现了问题？
3. 本工程的质量事故报告还应补充哪些内容？建设单位负责人接到报告后应于多长时间内向当地有关部门报告？
4. 钢结构的一级焊缝中还可能存在哪些表面质量缺陷？

（四）

背景资料：

某新建工业项目的循环冷却水泵站由某安装公司承建，泵站为半地下式钢筋混凝土结构，水泵泵组设计为三用一备，设计的一台2t×6m单梁桥式起重机用于泵组设备的检修吊装。该泵站为全厂提供循环冷却水，其中，鼓风机房冷却水管道系统主要材料见表2。冷却水系统工程设计对管道冲洗无特别要求。

表2 鼓风机房冷却水管道系统主要材料表

序号	名称	型号	规格	数量	备注
1	焊接钢管		DN100/DN50/DN40	120/150/90（m）	
2	截止阀	J41T-16	DN100/DN50/DN40	2/6/12（个）	
3	Y型过滤器	GL41-16	DN40	3（个）	
4	平焊法兰	PN1.6	DN100/DN50/DN40	4/12/30（副）	
5	六角螺栓		M16×70/M16×65	（略）	
6	法兰垫片		DN100/DN50/DN40	（略）	
7	压制弯头		DN100/DN50/DN40	（略）	
8	异径管		DN100×50/DN100×40	（略）	
9	三通		DN100×50/DN100×40	（略）	
10	管道组合支吊架		组合件	（略）	
11	压力表	Y100，1.6级	0~1.6MPa	3（块）	

在泵房阀门、材料进场开箱验收时，所有阀门的合格证等质量证明文件齐全，但有一台DN300电动蝶阀的手动与电动转换开关无法动作，安装公司施工人员认为该问题不影响阀门与管道的连接，遂将该阀门运至安装现场准备安装。

安装公司在起重机安装完成、验收合格后，整理起重机竣工资料。向监理工程师申请报验时，监理工程师认为竣工材料中缺少特种设备安装告知及监督检验等资料，要求安装公司补齐。

鼓风机房冷却水管道系统水压试验合格后，进行管道系统冲洗，管道系统冲洗压力和管道系统冲洗最小流量满足要求，管道系统冲洗后验收合格。

问题：

1. 表2中除焊接钢管、截止阀、平焊法兰、异径管、三通，还有哪几种材料属于管道组成件？

2. 安装公司施工人员在阀门开箱验收时的做法是否正确？应如何处置？

3. 在起重机竣工资料报验时，监理工程师的做法是否正确？说明理由。

4. 鼓风机房冷却水管道系统冲洗的合格标准是什么？管道系统冲洗的最低流速为多少？管道系统冲洗所需最小流量的计算应根据哪个规格的管道进行？

2020年度真题参考答案及解析

一、单项选择题

1. C;	2. A;	3. B;	4. B;	5. C;
6. A;	7. C;	8. D;	9. A;	10. B;
11. D;	12. D;	13. B;	14. C;	15. B;
16. D;	17. C;	18. D;	19. B;	20. D。

【解析】

1. C。本题考核的是氧化镁电缆特性。氧化镁电缆是由铜芯、铜护套、氧化镁绝缘材料加工而成的。氧化镁电缆的材料是无机物，因此 A 选项正确。具备耐高温的优点，电缆允许长期工作温度达250℃，短时间或非常时期允许接近铜熔点温度，因此 B 选项正确。氧化镁电缆自身完全不燃烧，250℃时可连续长时间运行，1000℃极限状态下也可以保持30min 的正常运行，同时还不会引发火源。即使在有火焰烧烤的情况下，只要火焰温度低于铜的熔点温度，火焰消除后电缆无需更换仍可继续使用。在被火焰烧烤的情况下不会产生有毒的烟雾和气体，因此 C 选项错误。具备防爆、载流量大、防水性能好、机械强度高、寿命长、具有良好的接地性能等优点。因此 D 选项正确。

2. A。本题考核的是风机的分类。风机按照排气压强的不同可分为通风机、鼓风机、压气机，因此 A 选项正确。B、C 选项属于风机按照气体在旋转叶轮内部流动方向划分的类别。D 选项属于风机按照结构形式划分的类别。

3. B。本题考核的是工程测量的程序。本题考查的是直接叙述类型的题型，较常考的题型是紧前紧后工序的排序题。工程测量的程序包括：设置纵、横中心线→设置标高基准点→设置沉降观测点→安装过程测量控制→实测记录等。包括了 A、C、D 选项的内容，不包括 B 选项的内容。

4. B。本题考核的是自动化仪表安装的施工程序。自动化仪表安装的施工程序包括：施工准备→制作安装盘柜基础→盘柜、操作台安装→电缆槽、接线箱（盒）安装→取源部件安装→仪表单体校验、调整安装→仪表管道安装→电缆敷设→仪表电源设备试验→综合控制系统试验→回路试验、系统试验→投运→竣工资料编制→交接验收。A 选项属于回路试验、系统试验的紧后工序。C 选项属于竣工资料编制的紧后工序。D 选项属于综合控制系统试验的紧前工序。

5. C。本题考核的是生产经营单位应急预案体系。生产经营单位的应急预案体系主要由综合应急预案、专项应急预案和现场处置方案组成。因此包括 A、B、D 选项，不包括 C 选项。

6. A。本题考核的是建筑智能化监控设备中主要输出设备安装要求。电磁阀、电动调节阀安装前，应按说明书规定检查线圈与阀体间的电阻，进行模拟动作试验和压力试验。因此 A 选项正确。

7. C。本题考核的是自动喷水灭火系统调试的内容。自动喷水灭火系统的调试应包括：

水源测试；消防水泵调试；稳压泵调试；报警阀调试；排水设施调试；联动试验。固定消防炮灭火系统施工完毕后，应做喷射功能调试。

8. D。本题考核的是电力驱动的曳引式或强制式电梯安装工程中电梯整机验收的要求。对瞬时式安全钳，轿厢应载有均匀分布的额定载重量；对渐进式安全钳，轿厢应载有均匀分布的125%额定载重量。

9. A。本题考核的是施工技术交底依据。施工技术交底的依据包括：项目质量策划、施工组织设计、专项施工方案、施工图纸、施工工艺及质量标准等。包括B、C、D选项，不包括A选项。

10. B。本题考核的是影响施工进度计划的因素。影响施工计划进度的因素包括工程资金不落实、施工图纸提供不及时、气候及周围环境的不利因素、供应商违约、设备、材料价格上涨、四新技术的应用、施工单位管理能力。其中，施工单位管理能力这个影响因素又包括施工单位的自身管理、技术水平以及项目部在现场的组织、协调与管控能力的影响。例如，施工方法失误造成返工，施工组织管理混乱，处理问题不够及时，各专业分包单位不能如期履行合同等现象都会影响施工进度计划。因此本题中B选项属于施工单位管理能力这个影响因素。材料价格上涨直接影响施工进度计划，新标准技术培训属于四新技术的应用这个影响因素，施工图纸设计变更属于施工图纸提供不及时这个影响因素。

11. D。本题考核的是机电安装工程项目施工过程的质量控制。施工质量控制按全过程分为三个阶段：事前控制、事中控制、事后控制。其中，事中控制包括：（1）施工过程质量控制。包括工序控制（一般工序控制和特殊工序控制），工序之间的交接检查的控制，隐蔽工程质量控制，调试和检测、试验等过程控制。（2）设备监造控制。指大型特殊的设备必须派人到工厂监造。（3）中间产品控制。在机电工程施工中比较多，比如锅炉及压力容器安装，实际是对中间产品进行组对的继续制造过程，这项质量控制尤为重要。（4）分项、分部工程质量验收或评定的控制。（5）设计变更、图纸修改、工程洽商等施工变更的审查控制。因此D选项属于事中控制行为。A、B、C选项属于事前控制行为中施工准备质量控制的内容。

12. D。本题考核的是临时用电安全技术要求。电缆线路应采用埋地或架空敷设，严禁沿地面明设，并应避免机械损伤和介质腐蚀。电源线与信号线、控制线应分别穿管敷设，因此A选项正确。各类机电设备、手持电动工具必须经过漏电开关，进行有效的接地、接零，因此C选项正确。在施工现场专用变压器供电的TN-S（三相五线制）接零保护系统中，电气设备的金属外壳必须与保护零线PE连接，因此B选项正确、D选项错误。

13. B。本题考核的是绿色施工要点。A选项属于建筑垃圾控制措施。B选项属于扬尘控制措施。C、D选项属于土壤保护措施。

14. C。本题考核的是项目成本控制的内容。施工准备阶段项目成本控制的内容：(1) 制定科学先进、经济合理的施工方案。(2) 根据企业下达的成本目标，以分部分项工程实物工程量为基础，结合劳动定额、材料消耗定额和技术组织措施的节约计划，在优化的施工方案的指导下编制明晰而具体的成本计划，并按照部门、施工队和班组的分工进行分解，因此C选项正确。(3) 间接费用的编制与落实。根据项目建设时间的长短和参加建设人数的多少，编制间接费用预算，并进行明细分解，为今后的成本控制和绩效考评提供依据。A、B选项属于施工阶段项目成本控制的内容。D选项属于施工进度控制的合同措施。

15. B。本题考核的是机电工程项目单机试运行。单机试运行方案由施工项目总工程师组织编制，经施工企业总工程师审定，报建设单位或监理单位批准后实施。机电工程项目单机试运行的内容一般考查实务操作和案例分析题，偶尔考查选择题，单机试运行方案的组织编制者、审定者、批准者这些均是考核点，考生要注意这些地方。

16. D。本题考核的是施工计量器具使用管理规定。强制检定（定期、定点、定机构）是指计量标准器具与工作计量器具必须定期送由法定或授权的计量检定机构检定。对属于强制检定范围的计量器具进行强制检定，未按照规定申请检定或者检定不合格的，企业不得使用，因此 A 选项正确。企业、事业单位计量标准器具（简称计量标准）的使用具有完善的管理制度，因此 B 选项正确。非经国务院计量行政部门批准，任何单位和个人不得拆卸、改装计量基准，或者自行中断其计量检定工作，因此 C 选项正确。非强制检定计量器具的检定周期，由企业根据计量器具的实际使用情况，本着科学、经济和量值准确的原则自行确定，因此 D 选项错误。

17. C。本题考核的是用电手续的规定。申请新装用电、临时用电、增加用电容量、变更用电和终止用电，应当依照规定的程序办理手续。因此增设一级配电无需到供电部门办理用电手续。

18. D。本题考核的是特种设备安装要求。压力容器安装前应检查其生产许可证明以及出厂技术文件和资料，检查设备外观质量。出厂技术文件和资料包括：竣工图样；产品合格证、产品质量证明文件及产品铭牌的拓印件或复印件；压力容器监督检验证书；压力容器安全技术监察规程规定的设计文件，如强度计算书等。

19. B。本题考核的是炉窑砌筑工程划分。炉窑砌筑工程划分：（1）检验批应按部位、层数、施工段或膨胀缝进行划分。（2）分项工程应按炉窑结构组成或区段进行划分，分项工程可由一个或若干个检验批组成，如高炉炉底、炉缸等，转化炉辐射段、过渡段和对流段等。当炉窑砌体工程量小于 100m³ 时，可将一座（台）炉窑作为一个分项工程。（3）分部工程应按炉窑的座（台）进行划分。（4）一个独立生产系统或大型的炉窑砌筑工程可划分为一个单位工程。较大的单位工程可划分为若干个子单位工程。

20. D。本题考核的是分部（子分部）工程验收。在各分项工程验收合格的基础上，由施工单位向建设单位提出报验申请，由建设单位项目负责人（总监理工程师）组织施工、监理和设计等有关单位项目负责人及技术负责人进行验收。

二、多项选择题

21. A、B、C、E；	22. A、C、D；	23. A、B、D、E；
24. B、C、E；	25. A、C、D、E；	26. A、B、C；
27. A、B、D、E；	28. B、C、E；	29. B、C、D；
30. B、D、E。		

【解析】

21. A、B、C、E。本题考核的是流动式起重机的使用要求。流动式起重机主要有履带起重机、汽车起重机、轮胎起重机、全地面起重机、随车起重机。流动式起重机的基本参数，指作为选择流动式起重机和制定吊装技术方案的重要依据的起重机性能数据，主要有额定起重量、最大工作半径（幅度）和最大起升高度。在特殊情况下，还需要知道起重机的起重力矩、支腿最大压力、轮胎最大载荷、履带接地最大比压和抗风能力。两台起重机作主吊吊装时，吊重应分配合理，单台起重机的载荷不宜超过其额定载荷的 80%，必要时应采取平衡措施，因此 E 选项正确。履带起重机负载行走，应按说明书的要求操作，必要时应编制负载行走方案，因此 C 选项正确。起重机械的安装，必须经特种设备检验检测机构按照安全技术规范的要求进行监督检验，未经检验合格的不得交付使用，因此 D 选项错误。履带最大接地比压必须小于地面承载力，A 选项正确。B 选项为规范通用规定，正确。

22. A、C、D。本题考核的是焊接前检验。焊工应取得相应的资格，获得了焊接工艺（作业）指导书，并接受了技术交底，因此 A、C 选项正确。焊接前应根据施工图、施工方案、施工规范规定的焊缝质量检查等级编制检验和试验方案，因此 D 选项正确。焊接工艺评定报告不能直接用于指导焊接作业，B 选项错误。E 选项属于焊接完成后需要参照的技术方案。

23. A、B、D、E。本题考核的是设备找正检测方法。常用设备找正的方法有：钢丝挂线法、放大镜观察接触法、导电接触讯号法、高精度经纬仪测量法、精密全站仪测量法。

24. B、C、E。本题考核的是电力架空线路架设及试验要求。线路连接要求：（1）导线连接应接触良好，其接触电阻不应超过同长度导线电阻的 1.2 倍，因此 A 选项数值错误，正确的是"1.2 倍"。（2）导线连接处应有足够的机械强度，其强度不应低于导线强度的95%。因此 D 选项数值错误，正确的是"95%"。电力架空线路试验要求：（1）检查架空线各相的两侧相位应一致，因此 B 选项正确。（2）在额定电压下对空载线路的冲击合闸试验应进行 3 次，因此 C 选项正确。（3）用红外线测温仪，测量导线接头的温度，来检验接头的连接质量，因此 E 选项正确。

（从 2024 年版起考试用书 4.3.3 输配电线路施工技术中对于电力架空线路的导线架设的说法有调整，请读者注意。）

25. A、C、D、E。本题考核的是工业管道系统压力试验。脆性材料严禁使用气体进行试验，压力试验温度严禁接近金属材料的脆性转变温度，因此 A、E 选项正确。管道安装完毕，热处理和无损检测合格后，进行压力试验，因此 B 选项错误。压力试验合格后，应填写管道系统压力试验记录，因此 C 选项正确。压力试验应以液体为试验介质，当管道的设计压力小于或等于 0.6MPa 时，可采用气体为试验介质，但应采取有效的安全措施，因此 D 选项正确。

26. A、B、C。本题考核的是锅炉附件安装内容。锅炉附件安装主要包括省煤器、鼓风机及风管除尘器、引风机、烟囱以及管道、阀门、仪表、水泵等安全附件的安装。因此本题选 A、B、C 选项。D、E 选项属于锅炉本体设备中锅的组成部分。

27. A、B、D、E。本题考核的是储罐充水试验的检验内容。储罐建造完毕，应进行充水试验，并应检查：罐底严密性，罐壁强度及严密性，固定顶的强度、稳定性及严密性，外浮顶及内浮顶的升降试验及严密性，浮顶排水管的严密性，基础的沉降观测。

28. B、C、E。本题考核的是建筑管道安装。对于不同材质的管道应先安装钢质管道，后安装塑料管道。因此 A 选项安装顺序表述错误，正确的是"先安装钢质管道后安装塑料管道"。埋地管道、吊顶内的管道等在安装结束隐蔽之前，应进行隐蔽工程验收，并做好记录，因此 B 选项正确。冷热水管道上下平行安装时热水管道应在冷水管道上方，垂直安装时热水管道应在冷水管道左侧，因此 C 选项正确。金属排水管道上的吊钩或卡箍应固定在承重结构上。固定件间距：横管不大于 2m；立管不大于 3m。D 选项中数值错误，正确的是"不大于 2m"。室内排水立管与排出管端部的连接，应采用两个 45°弯头或曲率半径不小于 4 倍管径的 90°弯头。因此 E 选项正确。

29. B、C、D。本题考核的是导管内穿线和槽盒内敷线技术要求。同一交流回路的绝缘导线不应敷设于不同的金属槽盒内或穿于不同金属导管内,因此 A 选项错误,错在"可穿入"这三个字,正确的是"不应穿入"。不同回路、不同电压等级、交流与直流的导线不得穿在同一导管内,因此 B 选项正确。绝缘导线的接头应设置在专用接线盒(箱)或器具内,不得设置在导管和槽盒内,因此 D 选项正确。同一槽盒内不宜同时敷设绝缘导线和电缆,因此 C 选项正确。绝缘导线在槽盒内应有一定余量,并应按回路分段绑扎;当垂直或大于 45°倾斜敷设时,应将绝缘导线分段固定在槽盒内的专用部件上,每段至少应有一个固定点。因此 E 选项错误,错在"不用分段固定",正确的是"应分段固定,并且每段至少应有一个固定点"。

30. B、D、E。本题考核的是洁净室空调风管制作要求。洁净度等级 N1 级至 N5 级的按高压系统的风管制作要求。因此 A 选项错误,错在"中压"这两个字,正确的是"高压"。风管及部件制作完成后,用无腐蚀性清洗液将内表面清洗干净,干燥后经检查达到要求即进行封口,安装前再拆除封口。清洗后立即安装的可不封口。因此 B 选项正确,C 选项错误。加工镀锌钢板风管应避免损坏镀锌层,如有损坏应做防腐处理,因此 D 选项正确。矩形风管边长不大于 800mm 时,不得有纵向拼接缝,因此 E 选项正确。

三、实务操作和案例分析题

(一)

1. 开工前,需要对项目部职能部门、专业技术负责人和主要施工负责人及 B 公司(分包单位)有关人员进行项目总体交底。

2. 项目部制定的金属风管安装程序存在的问题:先进行风管的绝热再进行漏风量测试(应为漏风量测试→风管绝热)。

造成的后果:先绝热后漏风量测试会导致漏风量测试不能正常进行。

3. 本工程的风管板材拼接应采用咬口连接。

风管与风管的连接可采用角钢法兰连接、薄钢板(共板)法兰连接等。

4. 图 1 中不符合规范要求之处和正确做法:

(1) 不符合规范要求之处:风管与穿墙套管之间用聚氨酯发泡封堵,穿墙套管管壁厚度为 1.2mm,防火阀未设置独立支吊架。

(2) 正确做法:风管与穿墙套管之间选用不燃柔性材料封堵,穿墙套管管壁厚度不小于 1.6mm,边长大于等于 630mm 的防火阀应设置独立的支吊架。

(二)

1. 安装公司编制的施工方案还应包括:施工安排(部署)、施工进度计划、资源配置计划、施工方法及工艺要求。

2. 表 1 中,母线槽第③节、第⑤节绝缘电阻测试值不符合规范要求。

合格要求:每节母线槽的绝缘电阻测试值不应小于 20MΩ。

3. 母线槽安装的不符合规范要求之处及正确做法:

(1) 吊架圆钢直径为 6mm 不符合规范要求,圆钢直径不小于 8mm。

(2) 吊架间距为 3m 不符合规范要求,吊架间距不大于 2m。

（3）母线槽转弯处仅1副吊架不符合规范要求，应在转弯处增设1副吊架。

4. 建设单位造成工期延误的原因是：工程款未及时支付给施工单位，影响母线槽采购及施工进度。

设计单位造成工期延误的原因是：建设单位对配电母线槽的用途提出新的要求后，未及时修改出图，影响母线槽制造及施工。

施工单位造成工期延误的原因是：未能很好地进行成品保护导致母线槽受潮，绝缘电阻测试不合格，吊架安装不符合规范要求需要返工，造成工期延误。

（三）

1. 制冷机组滑动轴承间隙要测量的项目有：顶间隙测量、侧间隙测量、轴向间隙测量。

顶间隙采用压铅法测量；侧间隙采用塞尺测量；轴向间隙采用塞尺或千分表测量。

2. 针对本次主轴承烧毁事件，项目部在自检、互检、专检三个环节上都出现了问题。

3. 本工程的质量事故报告还应补充：工程各参建单位名称、初步估计直接经济损失、事故初步原因、事故控制情况、其他应当报告的情况。

建设单位负责人接到报告后，应于1h内向当地有关部门报告。

4. 钢结构的一级焊缝中还可能存在的表面质量缺陷：表面气孔、表面夹渣、焊瘤、表面裂纹、电弧擦伤、接头不良。

（四）

1. 管道组成件还有法兰垫片、压制弯头、Y型过滤器、六角螺栓、压力表。

2. 安装公司施工人员在阀门开箱验收时的做法，不正确。

应当这样处置：设备开箱验收时，设备的出厂合格证等质量证明文件虽然齐全，但设备实际存在问题或缺陷，应视为不合格产品，不得安装。采购方应按照有关法规及采购合同等合法文件对不合格产品应拒绝接收。

3. 在起重机竣工资料报验时监理工程师的做法，不正确。

理由：本题中的单梁桥式起重机额定起重量为2t，小于起重机械范围规定的额定起重量大于或者等于3t的规定，该起重机不属于特种设备，不需要安装告知和监督检验。

4. 鼓风机房冷却水管道系统冲洗的合格标准：排出口的水色透明度与入口水目测一致。

管道系统冲洗的最低流速为1.5m/s。

管道系统冲洗所需最小流量必须满足工程中最大直径钢管的最低流速要求，系统冲洗所需最小流量的计算应依据DN100钢管进行。

《机电工程管理与实务》考前冲刺试卷（一）及解析

《机电工程管理与实务》考前冲刺试卷（一）

一、单项选择题（共20题，每题1分。每题的备选项中，只有1个最符合题意）

1. 下列分项工程中，（　　）分项工程不属于卫生器具子分部工程的内容。
   A. 卫生器具安装 B. 卫生器具排水管道安装
   C. 坐便器安装 D. 试验与调试

2. 关于接地模块、接地体施工的说法，错误的是（　　）。
   A. 接地模块的顶面埋深不应小于0.6m
   B. 接地模块的间距不应小于模块长度的3~5倍
   C. 利用工程桩钢筋做水平接地体
   D. 自然接地体应在不同两点及以上与接地干线或接地网相连接

3. 金属风管的材料品种、规格、性能与厚度应符合设计要求，排烟系统风管的最小厚度按（　　）系统的规定选用。
   A. 负压 B. 低压
   C. 中压 D. 高压

4. 在通风空调监控系统的功能检测中，以下关于抽检比例和数量的描述正确的是（　　）。
   A. 空调、新风机组的监测参数应按总数的10%抽检，且不应少于3台
   B. 各种类型传感器、执行器应按20%抽检，且不应少于5个
   C. 空调、新风机组的监测参数应按总数的20%抽检，且不应少于5台
   D. 各种类型传感器、执行器应按5%抽检，且不应少于3个

5. 下列电梯安装工程文件中，应由电梯安装单位提供的是（　　）。
   A. 制造许可证明文件 B. 产品质量证明文件
   C. 电气原理图 D. 安装许可证

6. 实行消防验收备案、抽查管理制度的建设工程是（　　）。
   A. 建筑总面积10000m² 的广播电视楼
   B. 建筑总面积800m² 的中学教学楼
   C. 建筑总面积550m² 的歌舞厅

D. 建筑总面积20000m²的客运车站候车室

7. 消防水炮灭火系统的施工程序中，立管安装的紧前工序是（　　）。
A. 分层干、支管安装　　　　　　　B. 干管安装
C. 消防水炮安装　　　　　　　　　D. 管道试压

8. 离心式给水泵在试运行后，不需要做的工作是（　　）。
A. 关闭泵的入口阀门　　　　　　　B. 关闭附属系统阀门
C. 用清水冲洗离心泵　　　　　　　D. 放净泵内积存液体

9. 设计压力等于10MPa的管道属于（　　）管道。
A. 低压　　　　　　　　　　　　　B. 中压
C. 高压　　　　　　　　　　　　　D. 超高压

10. 变压器本体及附件安装时，关于冷却装置安装前的试验说法，错误的是（　　）。
A. 冷却装置安装前应按施工单位规定的压力值用气压或油压进行密封试验
B. 冷却器，持续30min应无渗漏
C. 强迫油循环风冷却器，持续30min应无渗漏
D. 强迫油循环水冷却器，持续1h应无渗漏，水、油系统应分别检查渗漏

11. 宜采用阳极保护技术防腐的金属设备是（　　）。
A. 储罐　　　　　　　　　　　　　B. 蒸汽管网
C. 硫酸设备　　　　　　　　　　　D. 石油管道

12. 下列关于塔器的水压试验，说法正确的是（　　）。
A. 压力表只在塔器最高点设置一块
B. 充液后应一次升至设计压力
C. 试验压力下的保压时间为15min
D. 在试验压力值的80%时，对所有焊接接头和连接部位进行检查

13. 下列安装工序中，塔式光热发电设备的安装程序不包括（　　）。
A. 机舱安装　　　　　　　　　　　B. 定日镜安装
C. 汽轮机发电机设备安装　　　　　D. 吸热器钢结构安装

14. 关于高炉底板焊接工艺的说法，错误的是（　　）。
A. 底板应先进行定位焊和塞孔焊
B. 塞孔焊从底板四周向中心辐射施焊
C. 炉底板焊接应先焊横缝再焊纵缝
D. 横向焊缝焊接应从中间向两端延伸，并分段跳焊

15. 合同履行过程中发生下列情况时，不能进行合同变更的是（　　）。
A. 减少合同中任何工作　　　　　　B. 改变合同中质量标准
C. 随意转由他人实施的工作　　　　D. 改变工程基线和标高

16. 下列降低项目成本的措施中，属于组织措施的是（　　）。
A. 合理的布置施工现场　　　　　　B. 组建强有力的工程项目部
C. 提高施工劳动生产率　　　　　　D. 提升机械设备利用率

17. 下列关于施工机具管理措施和施工现场临时用电管理措施，以下选项说法错误的是（　　）。

A. 手动施工机具和静置型施工机具应整齐排放在室内
B. 机动车辆应整齐排放在规划的停车场内,并可以随意侵占道路
C. 配电箱和控制箱选型、配置合理,箱体整洁、安装牢固
D. 配电系统和施工机具采用可靠的接地保护,配电箱和控制箱均设两级漏电保护

18. 材料计划编制依据不包括（　　）。
A. 施工图纸　　　　　　　　B. 整体施工进度安排
C. 法律法规　　　　　　　　D. 安装施工预算定额

19. 机电工程项目试运行的最终阶段是（　　）。
A. 单机试运行　　　　　　　B. 联动试运行
C. 空负荷试运行　　　　　　D. 负荷试运行

20. 在保修期内,施工单位为了了解在工程施工过程中所采用的"四新"等使用情况,发现问题及时解决,所做的回访属于（　　）。
A. 冬季回访　　　　　　　　B. 夏季回访
C. 保修期满前回访　　　　　D. 技术性回访

二、多项选择题（共10题,每题2分。每题的备选项中,有2个或2个以上符合题意,至少有1个错项。错选,本题不得分;少选,所选的每个选项得0.5分）

21. 以下关于母线槽选用的描述中,正确的有（　　）。
A. 高层建筑垂直输配电应选用紧密型母线槽,导体需用阻燃材料包覆
B. 大容量母线槽可选用空气型母线槽,并采用在任何环境下都能使用的IP30的外壳防护等级
C. 一般室内正常环境下可选用防护等级为IP40的母线槽
D. 母线槽可以直接和有显著摇动和冲击振动的设备连接
E. 消防喷淋区域应选用防护等级为IP54或IP66的母线槽

22. 变压器按照冷却方式可分为（　　）冷却变压器。
A. 自然风　　　　　　　　　B. 强迫油循环风
C. 强迫油循环水　　　　　　D. 油浸式
E. 强迫导向油循环

23. 单体设备基础测量的工作内容包括（　　）。
A. 基础划线　　　　　　　　B. 基准点埋设
C. 外形测量　　　　　　　　D. 中心标板埋设
E. 高程测量

24. 激光平面仪适用于（　　）,精确方便、省力省工。
A. 水下地形测量　　　　　　B. 建（构）筑物变形测量
C. 提升施工的滑模平台　　　D. 网形屋架的水平控制
E. 大面积混凝土楼板支模、灌注及抄平工作

25. 关于卷扬机安装使用的说法,正确的有（　　）。
A. 卷扬机应安装在桅杆长度的距离之内
B. 绑缚卷扬机底座的固定绳索应从两侧引出
C. 由卷筒到第一个导向滑车的水平直线距离应大于卷筒长度的25倍

D. 余留在卷筒上的钢丝绳最小为2圈

E. 钢丝绳应顺序逐层紧缠在卷筒上，最外一层钢丝绳应低于卷筒两端凸缘一个绳径的高度

26. 下列焊缝中，属于按空间位置形式分类的有（　　）。
   A. 角焊缝　　　　　　　　　B. 平焊缝
   C. 横焊缝　　　　　　　　　D. 立焊缝
   E. 仰焊缝

27. 钨极惰性气体保护焊设备按所使用的焊接电流种类，可分为（　　）钨极气体保护焊设备。
   A. 手工　　　　　　　　　　B. 直流
   C. 自动　　　　　　　　　　D. 交流
   E. 脉冲电流

28. 下列计量器具中，属于C类的有（　　）。
   A. 3m钢卷尺　　　　　　　　B. 500mm直角尺
   C. 千分表　　　　　　　　　D. 150mm钢直尺
   E. 15mm游标塞尺

29. 未安装用电计量装置的临时用电工程，计收电费的依据有（　　）。
   A. 用电容量　　　　　　　　B. 用电时间
   C. 规定电价　　　　　　　　D. 用电电压
   E. 用电质量

30. 当高温环境下钢结构的承载力不满足要求时，应采取（　　）等隔热降温措施。
   A. 减小构件截面　　　　　　B. 耐火钢
   C. 加耐热隔热涂层　　　　　D. 热辐射屏蔽
   E. 水套隔热降温

三、实务操作和案例分析题（共4题，每题20分）

（一）

背景资料：

某公司承接某电厂的"超低排放"改造项目，工程内容：脱硫系统改造、新增烟气换热系统及湿式电除尘系统安装。开工前，项目部编制了项目质量计划。项目质量计划中"现场质量检查"部分的内容包括：开工条件检查、停工后复工检查和分项分部工程完工后检查。项目技术负责人审查后，认为项目质量计划中"现场质量检查"内容不完整，需补充完善。湿式电除尘器设备框架设计为4层钢架，采用高强度螺栓连接。

在钢架基础复查和构件验收合格，相关资料已准备好，向监理工程师申请开工时，被要求补齐高强度螺栓连接摩擦面的相关试验报告。钢架施工时为了施测方便，第二层钢柱定位以第一层钢柱柱顶中心为基准。二层钢架安装完成后，检查发现钢架的安装误差超标，分析原因是累积误差过大所致。烟气换热系统补给水管道设计为1.6MPa、DN150的不锈钢管道。

项目部编制了补给水管道水压试验方案：使用"除盐水"作为试验介质；试压时需缓

慢升压到试验压力 1.84MPa 后，稳压 10min，再将试验压力降至设计压力，稳压 30min 无压降、无渗漏，水压试验为合格。

水压试验前，施工人员在拆除弹簧支架的定位销时，被监理工程师制止。浆液循环泵安装完成，为了便于试运行后联轴器的检查，泵体找正时，拆掉的联轴器防护罩暂不进行安装。在准备浆液循环泵试运行时，被现场巡视的监理工程师制止，认为试运行环境不符合安全要求。

问题：

1. 项目质量计划中"现场质量检查"还需要补充哪些内容？
2. 需要补齐高强度螺栓连接摩擦面的哪种试验报告？如何避免钢架定位的累积误差？
3. 指出水压试验方案中存在的错误并改正。为什么弹簧支架定位销的拆除被监理工程师制止？
4. 说明浆液循环泵试运行时被监理工程师制止的原因。在浆液循环泵试运行过程中，应测量和记录浆液循环泵轴承的哪些运行参数？

(二)

背景资料：

A公司承接某油田设备安装工程，其中压缩厂房的工程内容包括：往复式天然气压缩机组安装、工艺管道及20/5t桥式起重机安装。压缩机组大件重量见表1。A公司进场后组建了项目部，并按要求配备了专职安全生产管理人员，完成了施工组织设计及各施工方案的编制，并对项目中涉及的特种设备进行了识别。按大件设备运输方案，在厂房封闭前，用300t、75t汽车起重机将桥式起重机大梁、压缩机主机和电机等大件设备采用"空投"方式预存在起重机轨道及设备基础上，待厂房封闭后再进行安装。

表1 压缩机组大件重量

部件名称	主机	电机	最大检修部件
重量（t）	65.0	53	16.1（一级气缸）

桥式起重机到货后，项目部及时进行吊装就位。项目部就压缩机进场及厂房封闭与建设单位进行沟通时被告知：由于压缩机制造的原因，设备进场时间推后3个月；1个月内完成厂房封闭；要求A公司对原大件设备运输方案进行修订。大件设备运输方案修订为利用倒链、拖排、滚杠配合完成设备的水平运输，再用自制吊装门架配合卷扬机、滑轮组进行设备的垂直运输。

桥式起重机在安装前已进行了施工告知，设备安装完成、自检及试运行合格后，经建设单位和监理单位验收合格，安装及验收资料完整。施工人员在使用桥式起重机进行压缩机辅机设备吊装就位时，被市场监督管理部门特种设备安全监察人员责令停止使用，经整改后完成了压缩机辅机设备吊装就位工作。

在压缩机负荷试运行中，压缩机的振动和温升超标，经拆检发现：3只一级排气阀损坏；中体与气缸的3条连接螺栓断裂。相关方启动质量事故处理程序，立即报告并对质量事故现场进行保护。质量事故发生后，经分析，因进气中富含的凝析油和水蒸气在压缩过程中析出造成液击所致。建设单位随后指令施工单位在压缩机进气管路上加装凝析油捕集器和丙烷制冷干燥装置，问题得到解决。A公司项目经理安排合同管理人员准备后续索赔工作。

问题：

1. A公司项目部确定专职安全生产管理人员人数的依据是什么？编制的哪个方案需要组织专家论证？说明理由。
2. 桥式起重机被市场监督管理部门特种设备安全监察人员责令停止使用的原因是什么？应该怎样整改？
3. 压缩机负荷试运行应由哪个单位组织实施？根据本次质量事故处理程序，还需完成哪些过程？
4. 索赔成立的三个必要条件是什么？

（三）

背景资料：

A公司总承包某建设单位的二期扩建工程，工程内容包括厂房基础、钢结构制作安装及厂房内建筑机电安装。厂房结构形式为门式钢架，屋架下弦高度为10m，钢结构屋架采用分片安装。经建设单位同意，A公司将工程中的电气安装工程分包给B公司。工程中的照明灯具、镀锌钢导管沿屋架下弦布置。厂房照明工程的施工方案中确定：高处作业使用A公司在钢结构施工时的脚手架和移动登高设施，进行镀锌钢导管敷设、管内穿线及灯具安装等。

B公司在照明施工方案优化时，将原先的流水施工改为分段施工。上段施工内容：钢结构屋架在地面拼装时，完成电气照明的部分工作（主要包括：测量定位、镀锌钢导管明敷、接线盒安装、管内穿线）；下段施工内容：待厂房屋面封闭后，再完成后续工作（主要包括：测量定位、配电箱安装、镀锌钢导管明敷、管内穿线、导线连接和线路绝缘测试、灯具安装、开关安装、通电试运行）。

施工中，建设单位组织召开工程协调会，就钢结构屋架吊装前后的施工进度、施工平衡和交叉配合等问题进行了专门的沟通与协调。因A公司在投标中承诺施工期间以免收人工费的方式对一期工程进行维修，二期工程施工过程中，建设单位要求A公司对一期工程（已竣工2.5年）的设备及线路进行维修。

问题：

1. 本工程镀锌钢导管的连接两端应如何进行接地跨接？其质量检查时应抽查多少？
2. 机电工程施工进度计划协调管理的作用有哪些？
3. 本工程的电气照明安装有几个分项工程？线路绝缘测试应使用多少伏的兆欧表？线路绝缘电阻不应小于多少兆欧？
4. 建设单位的维修要求是否正确？维修中发生的材料费和人工费分别由哪个单位承担？

（四）

背景资料：

某生物新材料项目由 A 公司总承包，A 公司项目部经理在策划组织机构时，根据项目大小和具体情况配置了项目部技术人员，满足了技术管理要求。

项目中的料仓盛装的浆糊流体介质温度约 42℃，料仓外壁保温材料为半硬质岩棉制品。料仓由 A、B、C、D 四块不锈钢壁板组焊而成，尺寸和安装位置如图 1 所示。在门吊架横梁上挂设 4 只手拉葫芦，通过卸扣、钢丝绳吊索与料仓壁板上吊耳（材质为 Q235）连接成吊装系统。料仓的吊装顺序为：A、C→B、D；料仓的四块不锈钢壁板的焊接方法是焊条手工电弧焊。

设计要求：料仓正方形出料口连接法兰安装水平度允许偏差≤1mm，对角线长度允许偏差≤2mm，中心位置允许偏差≤1.5mm。

料仓工程质量检查时，质量员提出吊耳与料仓壁板为异种钢焊接，违反"禁止不锈钢与碳素钢接触"的规定。项目部对料仓临时吊耳进行了标识和记录，根据质量问题的性质和严重程度编制并提交了质量问题调查报告，及时返修后，质量验收合格。

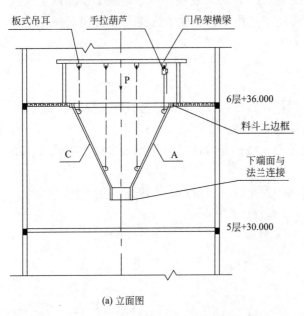
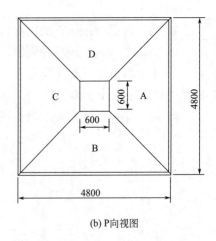

图 1 料仓安装示意图

问题：

1. 项目经理根据项目大小和具体情况如何配备技术人员？保温材料到达施工现场应检查哪些质量证明文件？

2. 分析图 1 中存在哪些安全事故危险源？不锈钢料仓壁板组对焊接作业过程中存在哪些职业健康危害因素？

3. 料仓正方形出料口端平面标高基准点和纵、横中心线的测量应分别使用哪种测量仪器？

4. 质量问题包括哪些？项目部编制的吊耳质量问题调查报告应及时提交给哪些单位？工程发生施工质量事故的部位其处理方式除了返修处理之外，还包括哪些？

考前冲刺试卷（一）参考答案及解析

一、单项选择题

1. C；	2. C；	3. D；	4. C；	5. D；
6. B；	7. B；	8. C；	9. B；	10. A；
11. C；	12. D；	13. A；	14. B；	15. C；
16. B；	17. B；	18. C；	19. D；	20. D。

【解析】

1. C。本题考核的是建筑给水排水与供暖的分部分项工程。卫生器具子分部工程包括卫生器具安装、卫生器具给水配件安装、卫生器具排水管道安装、试验与调试等分项工程。

2. C。本题考核的是建筑接地工程采用接地模块的施工技术要求。通常接地模块顶面埋深不应小于0.6m，接地模块间距不应小于模块长度的3~5倍，因此A、B选项正确。

利用建筑底板钢筋做水平接地体，按设计要求将底板内主钢筋（不少于2根）搭接焊接，用色漆做好标记，以便于引出和检查，及时做好隐蔽工程验收记录，因此C选项错误。

自然接地体应在不同两点及以上与接地干线或接地网相连接，因此D选项正确。

3. D。本题考核的是风管系统的制作要求。金属风管的材料品种、规格、性能与厚度应符合设计要求，板材厚度有0.5mm、0.6mm、0.75mm、1.0mm、1.2mm、1.5mm等，排烟系统风管的最小厚度按高压系统的规定选用。

4. C。本题考核的是通风空调设备系统调试检测。通风空调监控系统的功能检测：检测内容应按设计要求确定；冷热源的监测参数应全部检测；空调、新风机组的监测参数应按总数的20%抽检，且不应少于5台，不足5台时应全部检测；各种类型传感器、执行器应按10%抽检，且不应少于5个，不足5个时应全部检测。

5. D。本题考核的是电梯工程安装时安装单位提供的资料。包括：安装许可证和安装告知书；审批手续齐全的施工方案；施工现场作业人员持有的特种设备作业证。因此本题选D。A、B、C选项属于电梯制造厂提供的资料。

6. B。本题考核的是消防验收的规定。本题解题的关键在于"达到规模就验收，达不到规模就备案"。

具有下列情形之一的特殊建设工程，建设单位应当向本行政区域内地方人民政府住房和城乡建设主管部门申请消防设计审查，并在建设工程竣工后向消防设计审查验收主管部门申请消防验收：

（1）国家机关办公楼、电力调度楼、电信楼、邮政楼、防灾指挥调度楼、广播电视楼、档案楼。A选项，应进行消防设计审查验收。

（2）建筑总面积大于1000m²的中小学校的教学楼、图书馆、食堂。B选项没有达到规定的消防设计审查验收规模，因此就备案。

（3）建筑总面积大于500m²的歌舞厅、放映厅、夜总会、游艺厅、桑拿浴室、网吧、酒吧等，具有娱乐功能的餐馆、茶馆、咖啡厅等。C选项，应进行消防设计审查验收。

（4）建筑总面积大于15000m²的民用机场航站楼、客运车站候车室、客运码头候船厅。D选项，应进行消防设计审查验收。

7. B。本题考核的是消防水炮灭火系统施工程序。消防水炮灭火系统施工程序：施工准备→干管安装→立管安装→分层干、支管安装→管道试压→管道冲洗→消防水炮安装→动力源和控制装置安装→系统调试。

8. C。本题考核的是泵单机试运行要求。离心泵试运行后，应关闭泵的入口阀门，待泵冷却后再依次关闭附属系统的阀门；输送易结晶、凝固、沉淀等介质的泵，停泵后应防止堵塞，并及时用清水或其他介质冲洗泵和管道；放净泵内积存的液体。离心式给水泵输送的介质为水，不属于输送易结晶、凝固、沉淀等介质，因此不需用清水冲洗离心泵。

9. B。本题考核的是工业管道的分类。中压管道的设计压力范围为 $1.6MPa < P \leq 10MPa$。

10. A。本题考核的是变压器本体及附件安装要求。A选项错误，冷却装置安装前应按制造厂规定的压力值用气压或油压进行密封试验。

11. C。本题考核的是设备及管道防腐蚀方法。电化学保护是利用金属电化学腐蚀原理对设备或管道进行保护，分为阳极保护和阴极保护两种形式。例如，硫酸设备等化工设备和设施可采用阳极保护技术；埋地钢质管道、管网以及储罐常采用阴极保护技术。

12. D。本题考核的是塔器的水压试验。在塔器最高与最低点且便于观察的位置，各设置一块压力表，因此A选项错误。塔体充液后缓慢升至设计压力，确认无泄漏后继续升压至试验压力，保压时间不少于30min，然后将压力降至试验压力的80%，对所有焊接接头和连接部位进行检查，因此B、C选项错误，D选项正确。

13. A。本题考核的是塔式光热发电设备的安装程序。塔式光热发电设备安装程序：施工准备→基础检查验收→设备检查→定日镜安装→吸热器钢结构安装→吸热器及系统管道安装→换热器及系统管道安装→汽轮发电机设备安装→电气设备安装→调试→验收。A选项属于风力发电机组的安装程序。

14. B。本题考核的是高炉底板焊接工艺。B选项错误，塞孔焊从底板中心向四周辐射施焊。

15. C。本题考核的是合同变更的范围。除专用合同条款另有约定外，合同履行过程中发生以下情形的，应进行合同变更：

（1）增加或减少合同中任何工作，或追加额外的工作。

（2）取消合同中任何工作，但转由其他人实施的工作除外。

（3）改变合同中任何工作的质量标准或其他特性。

（4）改变工程的基线、标高、位置或尺寸等设计特性。

(5) 改变工程的时间安排或实施顺序。

综上所述，A、B、D选项描述的情况需进行合同变更，C选项描述的情况不能进行合同变更。

16. B。本题考核的是降低项目成本的措施。B选项属于降低项目成本的组织措施，A选项属于降低项目成本的技术措施，C、D选项属于降低项目成本的经济措施。

17. B。本题考核的是施工机具管理措施和施工现场临时用电管理措施。B选项错误，机动车辆（如吊车、汽车、叉车、挖掘机、装载机等）应整齐排放在规划的停车场内，不得随意停放或侵占道路。

18. C。本题考核的是材料计划编制依据。根据施工图纸、整体施工进度安排及安装施工预算定额进行材料计划的编制。

19. D。本题考核的是负荷试运行。负荷试运行是试运行的最终阶段，自装置接受原料开始至生产出合格产品、生产考核结束为止。

20. D。本题考核的是工程回访。技术性回访主要了解在工程施工过程中所采用的新材料、新技术、新工艺、新设备等的技术性能和使用后的效果，发现问题及时加以补救和解决；便于总结经验，获取科学依据，不断改进完善，为进一步推广创造条件。

二、多项选择题

21. A、C、E； 22. A、B、C、E； 23. A、B、D、E；
24. C、D、E； 25. B、C、E；   26. B、C、D、E；
27. B、D、E； 28. A、D、E；   29. A、B、C；
30. B、C、D、E。

【解析】

21. A、C、E。本题考核的是母线槽选用。B选项错误，大容量母线槽可选用散热好的紧密型母线槽，若选用空气型母线槽，应采用只有在专用工作场所才能使用的IP30的外壳防护等级。

D选项错误，母线槽不能直接和有显著摇动和冲击振动的设备连接。

22. A、B、C、E。本题考核的是变压器的分类。变压器按冷却方式分为自然风冷却、强迫油循环风冷却、强迫油循环水冷却、强迫导向油循环冷却。

23. A、B、D、E。本题考核的是单体设备基础测量的工作内容。单体设备基础测量的工作内容包括：基础划线及高程测量，中心标板和基准点的埋设。

24. C、D、E。本题考核的是激光测量仪器的应用。激光平面仪适用于提升施工的滑模平台、网形屋架的水平控制和大面积混凝土楼板支模、灌注及抄平工作，精确方便、省力省工。A、B选项属于全球定位系统（GPS）的应用。

25. B、C、E。本题考核的是卷扬机安装使用要求。使用桅杆吊装时，离开的距离必须大于桅杆的长度，因此A选项错误。

卷扬机上的钢丝绳应从卷筒底部放出，余留在卷筒上的钢丝绳不应少于4圈，以减少钢丝绳在固定处的受力，因此D选项错误。

26. B、C、D、E。本题考核的是焊缝形式。按施焊时焊缝在空间所处位置，分为平焊缝、立焊缝、横焊缝、仰焊缝四种形式。A选项为焊缝按其结合形式的分类。

27. B、D、E。本题考核的是焊接设备分类。钨极惰性气体保护焊设备按所使用的焊接电流种类,可分为直流、交流和脉冲电流钨极气体保护焊设备。钨极惰性气体保护焊设备按焊接操作过程的自动化程度,钨极惰性气体保护焊设备可分为手工和自动两大类。

28. A、D、E。本题考核的是计量器具分类。B、C选项属于B类计量器具。A、D、E选项属于C类计量器具。

29. A、B、C。本题考核的是临时用电工程安装用电计量装置的要求。临时用电的施工单位,只要有条件就应安装用电计量装置;对不具备安装条件的,可按其用电容量、用电时间、规定的电价计收电费,因此本题选A、B、C。

30. B、C、D、E。本题考核的是钢结构设计规定。当高温环境下钢结构的承载力不满足要求时,应采取增大构件截面、采用耐火钢或采用加耐热隔热涂层、热辐射屏蔽、水套隔热降温等隔热降温措施。

三、实务操作和案例分析题

(一)

1. 项目质量计划中"现场质量检查"还需要补充:工序交接检查,隐蔽工程的检查,成品保护的检查。

2. (1) 需要补齐高强度螺栓连接摩擦面的抗滑移系数试验报告。

(2) 多节柱安装时,每节柱的定位轴线应从地面控制轴线直接引上,不得从下层柱的轴线引上,这样可避免造成过大的累积误差。

3. 水压试验方案中存在的错误及改正:

(1) 错误一:方案中试验压力1.84MPa。

改正:不锈钢补给水管道的试验压力应为设计压力的1.5倍,即为$1.6 \times 1.5 = 2.4$MPa。

(2) 错误二:使用"除盐水"作为试验介质。

改正:应采用洁净水且水中氯离子含量不得超过25ppm。

弹簧支架定位销的拆除被监理工程师制止理由:弹簧支架的定位销,应待系统安装、试压、绝热完毕后方可拆除。

4. 浆液循环泵试运行时被监理工程师制止的原因:根据相关规定,在单机试运行时,对人身或机械设备可能造成损伤的部位,相应的安全措施和安全防护装置应设置完善。拆掉浆液循环泵的联轴器防护罩暂不进行安装,不符合要求。

浆液循环泵试运行过程中,应测量和记录浆液循环泵轴承的温度、温升、振动等参数。

(二)

1. A公司项目部确定专职安全生产管理人员人数的依据是:施工规模。

编制的大件设备运输方案中的自制吊装门架配合卷扬机、滑轮组进行设备的垂直运输方案需要组织专家论证。

理由:采用非常规起重设备、方法,且单件起吊重量在100kN(10t)及以上的起重吊装工程属于超过一定规模的危大工程，需要组织专家论证。

2. 桥式起重机被市场监督管理部门特种设备安全监察人员责令停止使用的原因：桥式起重机安装完成由建设和监理单位验收后就开始使用不符合规定。

整改：桥式起重机属于特种设备，自检合格后应履行报检程序，特种设备安装、改造及重大修理过程中及竣工后，应当经相关检验机构监督检查，未经检验或检验不合格者，不得交付使用。

3. 压缩机负荷试运行应由建设单位组织。

根据本次质量事故处理程序，还需完成：事故调查、撰写质量事故调查报告、事故处理报告这三个过程。

4. 索赔成立的三个必要条件是：

（1）与合同对照，事件已造成了承包商工程项目成本的额外支出，或直接工期损失。

（2）造成费用增加或工期损失的原因，按合同约定不属于承包商的行为责任或风险责任。

（3）承包商按合同规定的程序和时间提交索赔意向通知和索赔报告。

（三）

1. 镀锌钢导管连接处的两端宜用专用接地卡固定保护联结导体。按每个检验批的导管连接头总数抽查10%，且不得少于1处。

2. 机电工程施工进度计划协调管理的作用是：把制约作用转化成和谐有序、相互创造的施工条件，使进度计划安排衔接合理、紧凑可行，符合总进度计划要求。

3. 本工程有7个分项工程。

线路绝缘测试应使用500V的兆欧表。

线路绝缘电阻不应小于0.5MΩ。

4. 建设单位的维修要求是正确的。

维修中发生的材料费由建设单位承担；人工费由A公司承担。

（四）

1. 项目经理可依据项目大小和具体情况，按分部、分项和专业配备技术人员。

保温材料到达施工现场应检查的质量证明文件有：出厂合格证或化验、物性试验记录等质量证明文件。

2. 图1中的料仓上口洞无防护栏杆，料仓未形成整体，临时固定坍塌。存在高空坠落、物体打击等安全事故危险源。

不锈钢料仓壁板组对焊接作业过程中，存在的职业健康危害因素有：电焊烟尘、砂轮磨尘、金属烟、紫外线（红外线）、高温。

3. 料仓正方形出料口端平面标高基准点使用水准仪测量。

纵、横中心线使用经纬仪测量。

4. 质量问题是指工程质量不符合规定要求，包括质量缺陷、质量不合格和质量事故等。

项目部应根据质量问题的性质和严重程度，编制的吊耳质量问题调查报告应提交给建设单位、监理单位和本单位（A公司）管理部门。

工程发生施工质量事故的部位其处理方式除了返修处理之外，还包括返工处理、限制使用、不做处理、报废处理。

《机电工程管理与实务》

考前冲刺试卷（二）及解析

学习遇到问题？
扫码在线答疑

《机电工程管理与实务》考前冲刺试卷（二）

一、单项选择题（共20题，每题1分。每题的备选项中，只有1个最符合题意）

1. 绝热材料进场时需要复验的内容不包括（　　）。
   A. 厚度　　　　　　　　　　　B. 热阻
   C. 密度　　　　　　　　　　　D. 吸水率

2. 下列灯具安装中，灯具外壳必须与保护导体可靠连接的是（　　）。
   A. 离地3m的Ⅱ类灯具　　　　　B. 离地5m的Ⅰ类灯具
   C. 离地4m的Ⅱ类灯具　　　　　D. 离地2m的Ⅲ类灯具

3. 关于通风与空调系统设备单机试运行，以下描述不正确的是（　　）。
   A. 通风机、空气处理机组中的风机在额定转速下连续运行2h后，滑动轴承与滚动轴承的温升应符合要求
   B. 水泵在连续运行2h后，应检查紧固连接部位是否松动，并确保滑动轴承与滚动轴承的温升符合规范
   C. 冷却塔风机与冷却水系统循环试运行宜为1h，运行应无异常情况
   D. 制冷机组在正常运行时，各连接和密封部位应无松动、漏气、漏油等现象，且能量调节装置及各保护继电器、安全装置的动作应灵敏、可靠

4. 在电缆沟支架上敷设电缆时，为了保障电缆系统的安全性和维护便利性，应遵循的排列顺序是（　　）。
   A. 高压电缆在最下层支架，中压电缆在中层支架，低压电缆在中上层支架，智能化系统的线缆在最上层支架
   B. 智能化系统的线缆在最上层支架，高压电缆在中层支架，中压电缆在中下层支架，低压电缆在最下层支架
   C. 高压电缆在最上层支架，中压电缆在中层支架，低压电缆在中下层支架，智能化系统的线缆在最下层支架
   D. 低压电缆在最上层支架，中压电缆在中层支架，高压电缆在中下层支架，智能化系统的线缆在最下层支架

5. 关于自动扶梯（自动人行道）的整机安装验收，下列选项不符合规定的是（　　）。

A. 内盖板、外盖板、围裙板、扶手支架、扶手导轨、护壁板接缝应平整，接缝处的凸台不应大于 0.5mm

B. 控制电路的绝缘电阻值不得小于 0.25MΩ

C. 自动扶梯与楼板交叉处及各交叉布置的自动扶梯相交叉的三角形区域，应设置一个无锐利边缘的垂直防碰保护板，其高度不应小于 0.5m

D. 电气装置的主电源开关不应切断电源插座、检修和维护所必需的照明电源

6. 消防水泵接合器的安装，应按（　　）的顺序进行。

A. 本体→接口→连接管→止回阀→安全阀→放空管→控制阀

B. 本体→止回阀→连接管→接口→安全阀→放空管→控制阀

C. 接口→本体→连接管→止回阀→安全阀→放空管→控制阀

D. 接口→止回阀→连接管→本体→安全阀→放空管→控制阀

7. 对于安装点型感烟（感温）火灾探测器，下列做法错误的是（　　）。

A. 探测器至墙壁、梁边的水平距离不应小于 0.5m

B. 探测器周围 0.8m 内不应有遮挡物

C. 探测器至空调送风口边的水平距离不应小于 1.5m

D. 探测器至多孔送风口的水平距离不应小于 0.5m

8. 影响机械设备安装精度的因素不包括（　　）。

A. 设备测量基准的选择　　　　　　B. 设备制造的质量

C. 设备基础的硬度　　　　　　　　D. 设备安装环境

9. 对于水冲洗、空气吹扫、蒸汽吹扫三者的最低流速要求，按从大到小的顺序排序是（　　）。

A. 水冲洗>空气吹扫>蒸汽吹扫

B. 水冲洗>蒸汽吹扫>空气吹扫

C. 空气吹扫>水冲洗>蒸汽吹扫

D. 蒸汽吹扫>空气吹扫>水冲洗

10. 电动机安装中，做法错误的是（　　）。

A. 电动机与基础之间衬垫防振物体

B. 拧紧螺母时要按顺时针次序拧紧

C. 应用水平仪调整电动机的水平度

D. 电动机底座安装完后进行二次灌浆

11. 关于保冷塔上附件的保冷施工要求，正确的是（　　）。

A. 吊耳、测温仪表管座不得进行保冷

B. 附件的保冷层长度等于保冷层厚度

C. 附件保冷层厚度为邻近保冷层厚度

D. 塔器的裙座里外均应进行保冷

12. 金属储罐底板的所有焊缝采用（　　）进行严密性试验。

A. 氩气试验法　　　　　　　　　　B. 氨气试验法

C. 煤油试漏法　　　　　　　　　　D. 真空箱试漏法

13. 发电机转子穿装方法不包括（　　）。

A. 滑道式方法　　　　　　　　　　B. 接轴方法
C. 液压顶升方法　　　　　　　　　D. 用两台跑车的方法

14. 下列吊装方法中，（　　）在近年来新建的轧钢生产线工程中经常使用。
A. 双机抬吊法　　　　　　　　　　B. 单机吊装法
C. 移动式起重机吊装法　　　　　　D. 专用起重装置吊装法

15. 规避国际机电工程项目中的营运风险，采取的防范措施是（　　）。
A. 选择专业化的维保单位　　　　　B. 提高项目融资管理水平
C. 选择有实力的施工单位　　　　　D. 关键技术采用国内标准

16. 机电工程项目施工成本控制的原则不包括（　　）。
A. 全面成本控制原则　　　　　　　B. 动态控制原则
C. 节约原则　　　　　　　　　　　D. 高效原则

17. 绿色施工评价中，单位工程施工阶段评价应由（　　）组织。
A. 建设单位　　　　　　　　　　　B. 施工单位
C. 监理单位　　　　　　　　　　　D. 政府主管部门

18. 下列机电工程项目内部协调管理的措施中，属于组织措施的是（　　）。
A. 定期召开协调会议　　　　　　　B. 服从协调管理指示
C. 明确各级责任义务　　　　　　　D. 给受损者适当补偿

19. 工业机电工程单机试运行方案由（　　）组织编制。
A. 项目法人　　　　　　　　　　　B. 监理工程师
C. 施工项目总工程师　　　　　　　D. 造价工程师

20. 建设工程在正常使用条件下，最低保修期限要求的说法，错误的是（　　）。
A. 设备安装工程，最低保修期限为 2 年
B. 电气管线安装工程，最低保修期限为 3 年
C. 供热系统，最低保修期限为 2 个供暖期
D. 供冷系统，最低保修期限为 2 个供冷期

二、**多项选择题**（共 10 题，每题 2 分。每题的备选项中，有 2 个或 2 个以上符合题意，至少有 1 个错项。错选，本题不得分；少选，所选的每个选项得 0.5 分）

21. 下列关于不同材质复合风管适用性的说法中，正确的有（　　）。
A. 酚醛复合风管适用于低、中压空调系统及潮湿环境
B. 聚氨酯复合风管对高压及洁净空调系统均适用
C. 玻璃纤维复合风管适用于相对湿度 90% 以上的空调系统
D. 硬聚氯乙烯风管可用于含酸碱的排风系统
E. 酚醛复合风管对防排烟系统也适用

22. 下列石化设备中，属于换热设备的有（　　）。
A. 蒸发器　　　　　　　　　　　　B. 聚合釜
C. 冷凝器　　　　　　　　　　　　D. 集油器
E. 洗涤器

23. 长距离输电线路钢塔架基础施工中，在大跨越档距的测量通常会采用的方法有（　　）。

A. 电磁波测距法 B. 视觉测距法
C. 激光测距法 D. 绳索测距法
E. 解析法

24. 全站仪的测距模式有（ ）。
A. 扫描模式 B. 精测模式
C. 自动模式 D. 跟踪模式
E. 粗测模式

25. 下列措施中，属于吊装设备或构件失稳预防措施的是（ ）。
A. 制定周密的指挥和操作程序并进行演练，达到指挥协调一致
B. 缆风绳和地锚严格按吊装方案和工艺计算设置，设置完成后进行检查并做好记录
C. 对型钢结构、网架结构的薄弱部位或杆件进行加固或加大截面，提高刚度
D. 对薄壁设备进行加固加强
E. 对于细长、大面积设备或构件采用多吊点吊装

26. 焊接时，可用作焊接保护气体的有（ ）。
A. 丙烷（C_3H_8） B. 氧气（O_2）
C. 乙炔（C_2H_2） D. 氩气（Ar）
E. 二氧化碳（CO_2）

27. CO_2气体保护焊的优点包括（ ）。
A. 焊接过程无烟尘 B. 焊接变形小
C. 焊接质量好 D. 操作简便
E. 适用范围广

28. 下列计量器具中，属于强制检定范畴的是（ ）。
A. 电压表 B. 声级计
C. 电流表 D. 相位表
E. 绝缘电阻测量仪

29. 关于电力设施周围挖掘作业的规定，以下说法正确的是（ ）。
A. 35kV的架空电力线路杆塔基础周围禁止取土的范围为3m
B. 110kV和220kV的架空电力线路杆塔基础周围禁止取土的范围相同
C. 在沙地取土时，形成的坡面与地平线之间的夹角可以大于45°
D. 330kV和500kV的架空电力线路杆塔基础周围禁止取土的范围为8m
E. 所有电压等级的电力设施周围取土后形成的坡面与地平线之间的夹角均不得大于45°

30. 关于锅炉安装工程施工及验收要求的说法，正确的是（ ）。
A. 锅炉未办理工程验收手续，也可以投入使用
B. 在锅炉安装前和安装过程中，当发现受压部件存在影响安全使用的质量问题时，必须停止安装，并报告建设单位
C. 蒸汽锅炉安全阀应铅垂安装，排气管管径应与安全阀排出口径一致，管路应畅通，并应直通安全地点，排气管底部应装有输水管
D. 省煤器的安全阀应装排水管，在排水管、排气管和疏水管上，可以装设阀门

E. 应将排气管支撑固定，不得使排气管的外力加到安全阀上，两个独立安全阀的排气管不应相连

三、实务操作和案例分析题（共4题，每题20分）

（一）

背景资料：

某公司承接一项体育馆机电安装工程，建筑高度为35m，屋面结构为复杂钢结构，其下方布置空调除湿、虹吸雨等机电管线，安装高度为18~28m。混凝土预制看台板下方机电管线的吊架采用焊接H型钢作为转换支架，规格为WH350×350。

公司组建项目部，配备了项目部负责人、技术负责人和技术人员。其中现场施工管理人员包括施工员、材料员、安全员、质量员和资料员。项目部将人员名单、数量和培训等情况上报，总承包单位审查后认为人员配备不能满足项目管理的需求，要求进行补充。

在H型钢转换支架制作过程中，监理工程师检查发现有H型钢存在拼接不符合安装要求的情况，详见图1，项目部组织施工人员返工后合格。

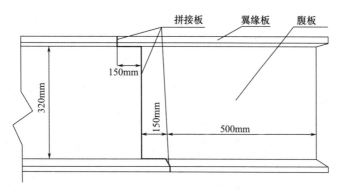

图1 H型钢现场拼接示意图

体育馆除湿风管采用直径DN800的镀锌圆形螺旋缝风管为外购风管，标准节长度为4m，总计140节。风管加工前进行现场实测实量，成品直接运至现场，检验合格后随即安装。为加快施工进度和降低成本，项目部进行了风管吊装重力计算和安装工艺研究，采取每3节风管在地面组装并局部保温后整体吊装的施工方法，自行研制风管吊装卡具，用4组电动葫芦配合2台曲臂车完成风管的起吊、支架固定和风管连接。根据需求限定7~8人配合操作，并购买了上述人员的意外伤害保险，曲臂车操作人员取得了高空作业操作证。除湿风管安装共节约成本约10万元。

项目部对空调机房安装质量进行检查，情况如下：风管安装顺直，支吊架制作采用机械加工方法；穿过机房墙体部位风管的防护套管与保温层间有20mm的缝隙；防火阀距离墙体500mm；为确保调节阀手柄操作灵敏，调节阀体未进行保温；因空调机组即将单机试运行，项目部已将机组的过滤器安装完成。

问题：

1. 机电项目部现场施工管理应补充哪类人员？项目部还应补充哪类主要人员？

2. 请指出 H 型钢拼接有哪些做法不符合安装要求？正确做法是什么？
3. 项目部安装除湿风管在哪些方面采取了降低成本的措施？
4. 请指出本项目空调机房安装存在的问题有哪些。

（二）

背景资料：

A公司总承包2×660MW火力发电厂1号机组的建筑安装工程，工程包括：锅炉、汽轮发电机、水处理、脱硫系统等。A公司将水泵、管道安装分包给B公司施工。

B公司在凝结水泵初步找正后，即进行管道连接，因出口管道与设备不同心，无法正常对口，便用手拉葫芦强制调整管道，被A公司制止。B公司整改后，在联轴节上架设仪表监视设备位移，保证管道与水泵的安装质量。

锅炉补给水管道设计为埋地敷设，施工完毕自检合格后，以书面形式通知监理申请隐蔽工程验收。第二天进行土方回填时，被监理工程师制止。

在未采取任何技术措施的情况下，A公司对凝汽器汽侧进行了灌水试验（图2），无泄漏，但造成部分弹簧支座因过载而损坏。返修后，进行汽轮机组轴系对轮中心找正工作，经初找、复找验收合格。

主体工程、辅助工程和公用设施按设计文件要求建成，单位工程验收合格后，建设单位及时向政府有关部门申请项目的专项验收，并提供备案申报表、施工许可文件复印件及规定的相关材料等，项目通过专项验收。

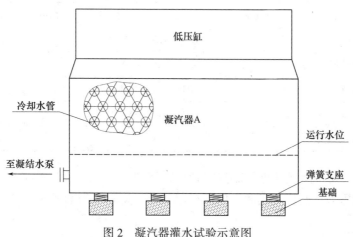

图2 凝汽器灌水试验示意图

问题：

1. A公司为什么制止凝结水管道连接？B公司应如何进行整改？在联轴节上应架设哪种仪表监视设备位移？

2. 说明监理工程师制止土方回填的理由。隐蔽工程验收通知内容有哪些？

3. 写出凝汽器灌水试验前后的注意事项。灌水水位应高出哪个部件？轴系对轮中心复找工作应在凝汽器什么状态下进行？

4. 在建设工程项目投入试生产前和试生产阶段应完成哪些专项验收？

（三）

背景资料：

某工业生产厂设有一座压缩空气站为生产车间提供生产工艺所需的无油压缩空气。压缩空气站的装设规模为 $3×10Nm^3/min$，供气能力为 $17Nm^3/min$，供气压力为 0.7MPa。压缩空气输送管道采用无缝不锈钢管（材料数字代号为 S30408，牌号为 06Cr19Ni10），焊接连接。空气压缩机冷却水管道采用镀锌焊接钢管。设备的随机文件显示储气罐的水压试验压力为 1.25MPa。

压缩空气站工艺系统的安装工程由 C 公司承担，D 监理公司担任现场工程监理。压缩空气站的主要设备及材料见表1。

表1 主要设备及材料表

序号	名称	型号及规格	单位	数量
1	无润滑活塞式压缩机	排气量 $10Nm^3/min$，排气压力 0.7MPa	台	3
2	储气罐	容积 $1m^3$，设计压力 1.0MPa	台	3
3	干燥器	处理能力 $10Nm^3/min$，设计压力 1.0MPa	台	2
4	除尘过滤器	处理能力 $12Nm^3/min$，设计压力 1.6MPa，精度 $0.3\mu m$	台	4
5	除尘过滤器	处理能力 $12Nm^3/min$，设计压力 1.6MPa，精度 $0.01\mu m$	台	2
6	无缝钢管	$\phi108×4$，06Cr19Ni10	m	270
7	无缝钢管	$\phi57×3.5$，06Cr19Ni10	m	83
8	球阀	Q341F-16P，DN100	个	5
9	球阀	Q41F-16P，DN50	个	4
10	镀锌焊接钢管	DN50	m	180

施工中，C 公司将储气罐与压缩空气管道系统作为一个系统进行水压试验，且试验压力取管道的试验压力。安装完成后，压缩机单机及系统试运行合格后，本项目进行了竣工验收。

问题：

1. 判定该压缩空气站中有哪些特种设备，并指出特种设备的种类。
2. C 公司将储气罐与压缩空气管道系统作为一个系统进行水压试验的做法是否正确？并说明理由。
3. 在该压缩空气站工艺管道施工过程中，压缩空气管道和冷却水管道的施工工艺主要有哪些差异（从材料管理和管道加工两方面叙述）？
4. 压缩空气站的单机试运行由哪个单位负责？有哪些工作内容？

(四)

背景资料:

E 公司中标某煤化工程项目中的合成气净化装置的洗涤塔安装工程,其中洗涤塔重量为 690t(上段 220t、下段 470t),属于第二类压力容器,分两段制造、进场。根据合同约定,E 公司负责洗涤塔的安装(吊装、就位),F 公司负责洗涤塔现场组焊。

E 公司持有 GC1 级压力管道安装许可证、A 级起重机械安装许可证。根据现场条件及 E 公司装备情况,洗涤塔采用"正装法"进行安装。考虑洗涤塔对口及焊接操作,F 公司提前在洗涤塔下段塔体合缝处下方内外搭设了作业平台,外部平台设置踢脚板及防护栏杆。

洗涤塔吊装采用"单主机抬吊递送法"吊装工艺,主吊车选用 1250t 履带起重机,辅助吊车(溜尾吊车)选用 260t 履带起重机,主吊车按部件进场,现场组装后使用。洗涤塔上段吊装索具配置示意图如图 3 所示,洗涤塔下段安装就位示意图如图 4 所示。上段塔筒就位时,腾空高度以 500mm 计算。

在工程准备阶段,项目部施工组织技术人员按计划编制完成各项施工方案,并按规定完成施工方案的审批、论证。洗涤塔吊装前,E 公司进行了基础验收。基础的混凝土强度、预埋地脚螺栓中心距等验收项目全部符合要求。E 公司按方案要求对吊装机索具、主辅吊车站位处地面承载能力等条件进行安全验收并合格后,实施了洗涤塔吊装就位工作。

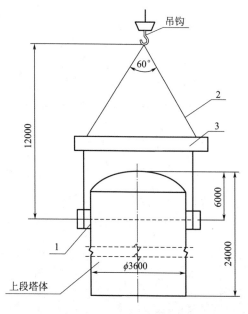

图 3 洗涤塔上段吊装索具配置示意图
(单位:mm)

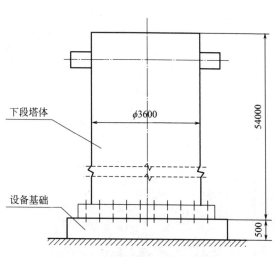

图 4 洗涤塔下段安装就位示意图
(单位:mm)

问题:

1. E 公司是否具备洗涤塔安装资格?说明理由。
2. 本工程中哪个方案需要组织专家论证?说明理由。方案论证应由哪个单位组织?

3. 指出图3中序号1、2、3代表的部件名称。计算洗涤塔吊装就位时，主吊车所需的最小起升高度。

4. 洗涤塔基础验收项目还有哪些？

考前冲刺试卷（二）参考答案及解析

一、单项选择题

1. A；	2. B；	3. C；	4. C；	5. C；
6. C；	7. B；	8. C；	9. D；	10. B；
11. D；	12. D；	13. C；	14. A；	15. A；
16. D；	17. C；	18. A；	19. C；	20. B。

【解析】

1. A。本题考核的是建筑给水排水与供暖工程材料设备进场验收要求。绝热材料进场时，应对其导热系数或热阻、密度、吸水率等性能进行复验；复验应为见证取样检验。

2. B。本题考核的是灯具的接地要求。Ⅱ类灯具的防触电保护不仅依靠基本绝缘，还具有双重绝缘或加强绝缘，因此Ⅱ类灯具外壳不需要与保护导体连接，因此A、C选项错误。

Ⅰ类灯具的防触电保护不仅依靠基本绝缘，还需把外露可导电部分连接到保护导体上，因此Ⅰ类灯具外露可导电部分必须采用铜芯软导线与保护导体可靠连接，连接处应设置接地标识；铜芯软导线（接地线）的截面应与进入灯具的电源线截面相同，导线间的连接应采用导线连接器或缠绕搪锡连接，因此B选项正确。

Ⅲ类灯具的外壳不容许与保护导体连接，因此D选项错误。

3. C。本题考核的是通风与空调系统设备单机试运行。C选项错误，冷却塔风机与冷却水系统循环试运行不少于2h，运行应无异常情况。

4. C。本题考核的是信号线缆施工要求。在电缆沟支架上敷设时与建筑电气专业提前规划协商，高压电缆在最上层支架，中压电缆在中层支架，低压电缆在中下层支架，智能化系统的线缆在最下层支架。

5. C。本题考核的是自动扶梯（自动人行道）整机验收要求。C选项错误，自动扶梯与楼板交叉处及各交叉布置的自动扶梯相交叉的三角形区域，应设置一个无锐利边缘的垂直防碰保护板，其高度不应小于0.3m。

6. C。本题考核的是消防给水及消火栓系统施工技术要求。消防水泵接合器的安装，应按接口、本体、连接管、止回阀、安全阀、放空管、控制阀的顺序进行，止回阀的安装方向应使消防用水能从消防水泵接合器进入系统。

7. B。本题考核的是火灾自动报警及消防联动设备的施工技术要求。对于安装点型感烟（感温）火灾探测器、一氧化碳火灾探测器，探测器至墙壁、梁边的水平距离不应小于0.5m；探测器周围0.5m内不应有遮挡物；探测器至空调送风口边的水平距离不应小于1.5m；探测器至多孔送风口的水平距离不应小于0.5m。

8. C。本题考核的是影响机械设备安装精度的因素。影响机械设备安装精度的因素：(1) 设备基础；(2) 垫铁埋设；(3) 设备灌浆；(4) 地脚螺栓；(5) 设备制造；(6) 测

11

量误差；（7）环境因素。

9. D。本题考核的是管道吹扫与清洗。水冲洗的流速不得低于 1.5m/s，空气吹扫的流速不宜小于 20m/s，蒸汽吹扫的流速不小于 30m/s。

10. B。本题考核的是电动机的安装。B 选项错误，拧紧螺母时要按对角交错次序拧紧。

11. D。本题考核的是设备及管道绝热工程施工中的附件要求。保冷设备及管道上的裙座、支座、吊耳、仪表管座、支吊架等附件，必须进行保冷，因此 A 选项错误。

塔器的裙座里外均应进行保冷，因此 D 选项正确。

保冷层长度不得小于保冷层厚度的 4 倍或敷设至垫块处，保冷层厚度应为邻近保冷层厚度的 1/2，但不得小于 40mm，因此 B、C 选项错误。

12. D。本题考核的是金属储罐试验。金属储罐进行试验时，罐底板的所有焊缝采用真空箱试漏法进行严密性试验。

13. C。本题考核的是发电机转子穿装要求。发电机转子穿装常用的方法有滑道式方法、接轴的方法、用后轴承作平衡重量的方法、用两台跑车的方法。

14. A。本题考核的是轧机机架吊装方法。双机抬吊法，近年来在新建的轧钢生产线工程中经常使用，使用双机抬吊法时，要根据轧机机架的重量、行车的起重能力、两行车吊钩间距尺寸和提升高度进行设计和验算。

15. A。本题考核的是机电工程项目合同风险防范措施。营运风险主要指在整个营运期间承包商能力影响项目投资效益的风险。防范措施：运行维护委托专业化运行单位承包，降低运行故障及运行技术风险。因此本题选 A。

B 选项"提高项目融资管理水平"属于管理风险防范；C 选项"选择有实力的施工单位"属于建设风险防范；D 选项"关键技术采用国内标准"属于技术风险防范。

16. D。本题考核的是机电工程项目施工成本控制的原则。机电工程项目施工成本控制的原则包括：成本最低化原则；全面成本控制原则；动态控制原则；责权利相结合的原则；节约原则；开源与节流相结合的原则。

17. C。本题考核的是绿色施工评价。绿色施工评价中，单位工程施工阶段评价应由监理单位组织，建设单位和项目部参加。

18. A。本题考核的是机电工程项目内部协调管理的措施。A 选项属于组织措施，C 选项属于制度措施，D 选项属于经济措施，B 选项属于教育措施。

19. C。本题考核的是单机试运行方案编制。单机试运行方案由施工项目总工程师组织编制，经施工企业总工程师审定，报建设单位或监理单位批准后实施。

20. B。本题考核的是机电工程最低保修期限。建设工程中安装工程在正常使用条件下的最低保修期限为：

（1）建设工程的最低保修期限，自竣工验收合格之日起计算。

（2）电气管线、给水排水管道、设备安装工程，最低保修期限为 2 年。

（3）供热和供冷系统，最低保修期限为 2 个供暖期、供冷期。

（4）其他项目的最低保修期限由发包单位与承包单位约定。

二、多项选择题

21. A、B、D； 22. A、C； 23. A、E；

24. B、D、E； 25. C、D、E； 26. B、D、E；
27. B、C、D、E； 28. B、E； 29. B、D、E；
30. B、C、E。

【解析】

21. A、B、D。本题考核的是非金属风管的适用范围。玻璃纤维复合风管适用于中压以下的空调系统，但对洁净空调、酸碱性环境和防排烟系统以及相对湿度90%以上的系统不适用，因此C选项错误。

酚醛复合风管适用于低、中压空调系统及潮湿环境，但对高压及洁净空调、酸碱性环境和防排烟系统不适用，因此E选项错误。

22. A、C。本题考核的是专用设备的分类。B选项属于反应设备，D、E选项属于分离设备。

23. A、E。本题考核的是长距离输电线路钢塔架（铁塔）基础施工的测量。在大跨越档距之间，通常采用电磁波测距法或解析法测量。

24. B、D、E。本题考核的是全站仪的测距模式。全站仪的测距模式有精测模式、跟踪模式、粗测模式三种。

25. C、D、E。本题考核的是吊装设备或构件的失稳预防措施。吊装设备或构件的失稳预防措施：对于细长、大面积设备或构件采用多吊点吊装；对薄壁设备进行加固加强；对型钢结构、网架结构的薄弱部位或杆件进行加固或加大截面，提高刚度。A、B选项属于吊装系统的失稳预防措施。

26. B、D、E。本题考核的是焊接用气体分类。焊接用气体分类：

（1）保护气体：二氧化碳（CO_2）、氩气（Ar）、氦气（He）、氮气（N_2）、氧气（O_2）和氢气（H_2）。

（2）切割用气体（包括助燃气体）：氧气；可燃气体：乙炔、丙烷、液化石油气、天然气。

27. B、C、D、E。本题考核的是CO_2气体保护焊的优点。B、C、D、E选项为CO_2气体保护焊的优点，A选项为钨极惰性气体保护焊的优点。

28. B、E。本题考核的是施工计量器具检定范畴。列入《中华人民共和国强制检定的工作计量器具目录》的计量器具，如用于安全防护的压力表、电能表（单相、三相）、测量互感器（电压互感器、电流互感器）、绝缘电阻测量仪、接地电阻测量仪、声级计等。

列入《中华人民共和国依法管理的计量器具目录》的计量器具，如电压表、电流表、欧姆表、相位表等。

29. B、D、E。本题考核的是电力设施周围挖掘作业的规定。35kV的架空电力线路杆塔基础周围禁止取土的范围为4m，而A选项中的描述为"3m"，因此A选项错误。

取土后所形成的坡面与地平线之间的夹角，一般不得大于45°；沙地取土时，坡度应当更小一些。而C选项表述"在沙地取土时，形成的坡面与地平线之间的夹角可以大于45°"错误。E选项，对于取土后所形成的坡面与地平线之间的夹角度数，没有指明特殊电压等级可以有例外，因此E选项的说法是正确的。

30. B、C、E。本题考核的是锅炉安装工程施工及验收要求。A选项错误，锅炉未办理工程验收手续，严禁投入使用。

D 选项错误，省煤器的安全阀应装排水管；在排水管、排气管和疏水管上，不得装设阀门。

三、实务操作和案例分析题

（一）

1. 机电项目部现场施工管理还应补充的人员：机械员、劳务员、标准员。

项目部还应补充的主要人员：项目副经理、项目技术人员、满足施工要求经考核或培训合格的技术工人。

2. H 型钢拼接不符合安装要求之处及正确做法如下：

（1）焊接 H 型钢的翼缘板拼接缝和腹板拼接缝的间距为 150mm，不符合安装要求。

正确做法：焊接 H 型钢的翼缘板拼接缝和腹板拼接缝的间距，不宜小于 200mm。

（2）翼缘板拼接长度为 500mm，不符合安装要求。

正确做法：翼缘板拼接长度不应小于 600mm。

3. 项目部安装除湿风管在以下方面采取了降低成本的措施：

（1）每 3 节风管整体吊装，为采用先进的施工方案、缩短工期、降低成本的技术措施。

（2）自制风管吊装卡具，通过 4 组电动葫芦配合 2 台曲臂车实施吊装，为采用新技术的技术措施。

（3）限定 7~8 人配合操作，操作人员持证上岗，加强人员管理，提高员工工作水平，控制现场非生产人员比例，压缩非生产和辅助用工费用，是降低成本的经济措施。

（4）为施工人员购买了意外伤害保险，属于合同措施。

4. 本项目空调机房安装存在的问题及正确做法如下：

（1）防火阀距离墙体 500mm，不正确。

正确做法：防火阀距离墙体应不大于 200mm。

（2）为确保调节阀手柄操作灵敏，调节阀体未进行保温，不正确。

正确做法：风管部件的绝热不得影响操作功能，调节阀绝热要保留调节手柄的位置，保证操作灵活方便。调节阀体需要进行保温。

（3）因空调机组即将单机试运行，项目部已将机组的过滤器安装完成，存在问题。

正确做法：过滤器应在室内装饰装修工程安装完成后，以及空调设备等单机试运行结束后进行安装。

（4）穿过机房墙体部位风管的防护套管与保温层间有 20mm 的缝隙，不正确。

正确做法：风管与套管之间应采用不燃柔性材料封堵。

（二）

1. A 公司制止凝结水管道连接的原因：凝结水泵初步找正后（管道不同心）不能进行管道连接。

B 公司应这样整改：管道应在凝结水泵安装定位（管口中心对齐）后进行连接。

在联轴节上应架设百分表（千分表）监视设备位移。

2. 监理工程师制止土方回填的理由：监理没有验收（没有回复，在 48h 后才能回填）。

隐蔽工程验收通知内容：隐蔽验收内容、隐蔽方式（方法）、验收时间和地点（部位）。

3. 凝汽器灌水试验前后的注意事项：灌水试验前应加临时支撑，试验完成后应及时把水放净（排空）。

灌水水位应高出顶部冷却水管。

轴系对轮中心复找工作应在凝汽器灌水至运行重量（运行水位）的状态下进行。

4. 在建设工程项目投入试生产前完成消防验收；在建设工程项目试生产阶段完成安全设施验收及环境保护验收。

（三）

1. 该压缩空气站中的特种设备及特种设备的种类：压力容器：储气罐；压力管道：$\phi108\times4$ 不锈钢无缝钢管，$\phi57\times3.5$ 不锈钢无缝钢管。

2. C公司将储气罐与压缩空气管道系统作为一个系统进行水压试验的做法，正确。

理由：当管道与设备作为一个系统进行试验，管道的试验压力等于或小于设备的试验压力时，应按管道的试验压力进行试验。

压缩空气管道系统压力为0.7MPa，储气罐的水压试验压力为1.25MPa，C公司将储气罐与压缩空气管道系统作为一个系统进行水压试验，且试验压力取管道的试验压力，故合理。

3. 压缩空气管道和冷却水管道的施工工艺差异从材料管理和管道加工两方面叙述：

（1）材料管理：

① 冷却水管道采用镀锌焊接钢管。

② 压缩空气输送管道应采用无缝不锈钢管，管道进场后采用光谱分析或其他方法对材质进行复查，并做好标识；在运输和储存期间不得与碳素钢、低合金钢直接接触。

（2）管道加工：

① 冷却水管道应采用螺纹连接等，不应采用焊接。

② 压缩空气管道应采用焊接连接。

4. 压缩空气站的单机试运行由施工单位负责。

工作内容包括：负责编制试运行方案，并报建设、监理单位审批；组织实施试运行操作，做好测试记录并进行单机试运行验收。

（四）

1. E公司具备洗涤塔的安装资格。

理由：第二类压力容器属于固定式压力容器。固定式压力容器安装不单独进行许可。压力容器制造单位可以设计、安装与其制造级别相同的压力容器和与该级别压力容器相连接的工业管道（易燃易爆有毒介质除外，且不受长度、直径限制）；任一级别安装资格的锅炉安装单位或压力管道安装单位均可进行压力容器安装。

2. 本工程中需要组织专家论证的方案：洗涤塔吊装采用"单主机抬吊递送法"吊装工艺；主吊车1250t履带起重机现场组装。

理由：采用"单主机抬吊递送法"属于2台（或以上）起重设备联合作业，为非常规方法，且吊装重量超过了100kN；"1250t 履带起重机现场组装"属于起重量 300kN 及以上的起重机自身的安装和拆卸，均属于超过一定规模的危险性较大的分部分项工程。超过一定规模的危险性较大的分部分项工程需要组织专家论证。

方案论证应由总承包单位（E公司）组织。

3.（1）图3中序号1、2、3代表的部件名称：

1号部件名称：吊耳；2号部件名称：吊索；3号部件名称：平衡梁。

（2）计算洗涤塔吊装就位时，主吊车所需的最小起升高度为：

$12000+24000-6000+54000+500+500=85000mm$

4. 洗涤塔基础验收项目还有：

（1）设备基础外观质量。

（2）设备基础位置、标高、几何尺寸。

（3）预埋地脚螺栓的标高及露出基础长度。

（4）设备基础常见质量通病。

《机电工程管理与实务》
考前冲刺试卷（三）及解析

学习遇到问题？
扫码在线答疑

《机电工程管理与实务》考前冲刺试卷（三）

一、单项选择题（共20题，每题1分。每题的备选项中，只有1个最符合题意）

1. 当供暖工程的集水器工作压力为0.6MPa，其试验压力为工作压力的（　　）。
   A. 1.1倍　　　　　　　　　　B. 1.15倍
   C. 1.25倍　　　　　　　　　　D. 1.5倍

2. 关于柔性导管敷设的说法，正确的是（　　）。
   A. 柔性导管的长度在动力工程中不宜大于0.9m
   B. 柔性导管的长度在照明工程中不宜大于1.3m
   C. 金属柔性导管连接处的两端宜用专用接地卡固定保护联结导体
   D. 金属柔性导管可以作为保护导体的接续导体

3. 在洁净风管系统安装技术中，以下措施不能确保风管的清洁程度和严密性的是（　　）。
   A. 风管安装前对施工现场进行彻底清扫，做到无尘作业
   B. 清洗干净、包装密封的风管及部件，安装前可以拆除包装
   C. 风管连接处必须严密，法兰垫料应使用不产尘和不易老化的弹性材料
   D. 风管与洁净室吊顶、隔墙等围护结构的穿越处应设密封填料或密封胶，确保无渗漏

4. 在建筑智能化系统工程设备、材料采购和验收过程中，以下描述正确的是（　　）。
   A. 设备、材料采购时，智能化系统承包方和被监控设备承包方之间的设备供应界面划分是不必要的
   B. 进口设备只需提供原产地证明和商检证明即可
   C. 电缆和光纤进场检测时，应抽检其电气性能指标和光纤性能指标，并做好记录
   D. 设备质量检测中，电磁兼容性不属于检测的重点项目

5. 下列关于电梯井道照明的说法，错误的是（　　）。
   A. 宜采用36V安全电压　　　　B. 中间灯每8m设置一个
   C. 照度不得小于50lx　　　　　D. 井道最高点装一盏灯

6. 在消火栓系统施工中，消火栓箱体安装固定的紧后工序是（　　）。
   A. 支管安装　　　　　　　　　B. 附件安装
   C. 管道试压　　　　　　　　　D. 管道冲洗

7. 下列验收中，（　　）属于消防设施的功能性验收。

A. 对火灾报警探测器准备投入使用前的验收

B. 对疏散指示灯准备投入使用前的验收

C. 仅留下室内精装修时，对安装的探测、报警、显示和喷头等部件的验收

D. 对地坪下的消防供水管网的验收

8. 大型锤式破碎机固定地脚螺栓宜采用（　　）。

A. 固定地脚螺栓　　　　　　　　B. 活动地脚螺栓

C. 胀锚地脚螺栓　　　　　　　　D. 粘接地脚螺栓

9. 关于阀门安装时的说法，正确的是（　　）。

A. 螺纹连接时阀门应开启　　　　B. 安全阀门应该水平布置

C. 焊接连接时阀门应关闭　　　　D. 按介质流向确定安装方向

10. 可以限制雷击形成过电压的防雷措施是（　　）。

A. 架设接闪线　　　　　　　　　B. 降低杆塔的接地电阻

C. 装设自动重合闸　　　　　　　D. 装设管型接闪器

11. 下列关于绝热结构设置伸缩缝的说法，正确的是（　　）。

A. 两固定管架间水平管道的绝热层不应留设伸缩缝

B. 设备采用软质绝热制品时，必须留设伸缩缝

C. 方形设备壳体上有加强筋板时，绝热层可不留设伸缩缝

D. 立式设备及垂直管道可不设置绝热伸缩缝

12. 在金属结构制作过程中，对于钢材的加热矫正，以下描述正确的是（　　）。

A. 碳素结构钢在环境温度低于-16℃时，可以进行冷矫正和冷弯曲

B. 低合金结构钢在加热矫正时，加热温度可以为600℃

C. 碳素结构钢和低合金结构钢在加热矫正时，最高温度严禁超过900℃

D. 低合金结构钢在加热矫正后，应立即进行强制冷却

13. 凝汽器组装完毕后，汽侧应进行的试验是（　　）。

A. 真空试验　　　　　　　　　　B. 压力试验

C. 通球试验　　　　　　　　　　D. 灌水试验

14. 砌筑工程冬期施工措施中，错误的是（　　）。

A. 应在供暖环境中进行

B. 工作地点和砌体周围温度不应低于5℃

C. 耐火砖和预制块在砌筑前，应预热至0℃以上

D. 调制耐火浇注料的水不可以加热

15. 机电工程施工合同风险主要表现形式不包括（　　）。

A. 合同主体不合格

B. 合同订立或招标投标过程违反建设工程的法定程序

C. 业主指定分包单位或材料供应商

D. 合同条款完备

16. 施工成本控制的内容不包括（　　）。

A. 以项目施工成本形成过程作为控制对象

B. 以项目施工的职能部门、作业队组作为成本控制对象

C. 以施工图控制成本对象
D. 以分部分项工程作为项目成本的控制对象

17. 下列符合绿色施工要求的是（   ）。
A. 管道工厂化预制
B. 管道现场除锈
C. 管道试验及冲洗用水利用重复水
D. 线路连接不宜采用免焊接头或机械压接方式

18. 关于机电工程无损检测人员的说法，正确的是（   ）。
A. 无损检测人员的资格证书有效期以上级公司规定为准
B. 无损检测Ⅰ级人员可评定检测结果
C. 无损检测Ⅱ级人员可对无损检测结果进行分析、评定或者解释
D. 无损检测Ⅲ级人员可根据标准编制无损检测工艺

19. 消防工程试运行时，关于水源调试和测试要求的说法，错误的是（   ）。
A. 消防储水应有可以作他用的技术措施
B. 应按设计要求核实消防水泵接合器的数量和供水能力，并应通过消防车车载移动泵供水进行试验验证
C. 消防水泵直接从市政管网吸水时，应测试市政供水的压力和流量能否满足设计要求
D. 应核实地下水井的常水位和设计抽升流量时的水位

20. 检查锅炉房及供暖系统运行情况的回访，一般安排在（   ）。
A. 夏季回访
B. 春季回访
C. 保修期满前回访
D. 冬季回访

二、**多项选择题**（共10题，每题2分。每题的备选项中，有2个或2个以上符合题意，至少有1个错项。错选，本题不得分；少选，所选的每个选项得0.5分）

21. 非合金钢按钢的含碳量分类，可分为（   ）。
A. 碳素结构钢
B. 优质非合金钢
C. 低碳钢
D. 中碳钢
E. 高碳钢

22. 风机的主要性能参数有（   ）。
A. 扬程
B. 全风压
C. 动压
D. 功率
E. 吸气压力

23. 光学经纬仪可用来测量（   ）。
A. 中心线
B. 距离
C. 垂直度
D. 标高
E. 水平度

24. 管道工程施工测量的准备工作包括（   ）。
A. 熟悉设计图纸资料
B. 勘察施工现场
C. 绘制施测草图
D. 编制测量报告
E. 确定施测精度

25. 危险性较大的分部分项工程实行分包并由分包单位编制专项施工方案的，专项施工方案实施前应经（　　）签字确认。
　　A. 总承包单位项目技术负责人
　　B. 相关专业承包单位技术负责人
　　C. 项目总监理工程师
　　D. 建设单位项目技术负责人
　　E. 设计单位项目负责人

26. 结构形状复杂和刚性大的厚大焊件焊接，选择的焊条应具备的特性有（　　）。
　　A. 抗裂性好　　　　　　　　B. 强度高
　　C. 刚性强　　　　　　　　　D. 韧性好
　　E. 塑性高

27. 适合于焊缝内部缺陷的无损检测方法有（　　）。
　　A. 射线检测　　　　　　　　B. 磁粉检测
　　C. 超声检测　　　　　　　　D. 涡流探伤检测
　　E. 渗透检测

28. 施工企业最高计量标准器具和用于量值传递的工作计量器具包括（　　）。
　　A. 零级刀口尺　　　　　　　B. 直角尺检具
　　C. 标准活塞式压力计　　　　D. 接地电阻测量仪
　　E. 声级计

29. 新建工程立项阶段，用户应与供电企业达成的意向性协议内容有（　　）。
　　A. 供电可能性　　　　　　　B. 用电容量
　　C. 供电条件　　　　　　　　D. 用电设备
　　E. 供电方式

30. 钢包精炼转炉的炉盖水冷系统、电极夹持头水冷系统必须按设计技术文件的规定进行（　　）。
　　A. 水压试验　　　　　　　　B. 通水试验
　　C. 通球试验　　　　　　　　D. 严密性试验
　　E. 致密性试验

三、实务操作和案例分析题（共4题，每题20分）

（一）

背景资料：

某安装公司承接一商务楼通风与空调安装工程，项目施工过程中，由于厂家供货不及时，空调设备安装超出计划6d，该项工作的自由时差和总时差分别为3d和8d，项目部通过采用CFD模拟技术缩减了3d空调系统调试时间，压缩了总工期。

项目部编制了质量预控方案表，对可能出现的质量问题采取了质量预控措施，例如针对矩形风管内弧形弯头设置了导流片。同时通过加强与装饰装修、给水排水、建筑电气及建筑智能化等专业之间的协调配合，有效保证了项目质量目标的实现。

在施工过程中，监理工程师巡视发现空调冷热水管道安装中存在质量问题（图1），要求限期整改，其中管道支架的位置和数量满足规范要求。

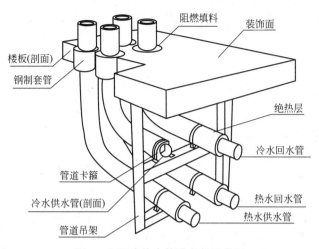

图1 空调冷热水管道安装示意图

问题：

1. 空调设备安装的进度偏差对后续工作和总工期是否有影响？说明理由。空调系统调试采用了哪种措施来控制施工进度？
2. 通风空调专业与建筑智能化专业之间的配合包含哪些内容？
3. 矩形风管内弧形弯头设置导流片的作用是什么？
4. 图1中空调冷热水管道安装存在的质量问题有哪些？应如何整改？

（二）

背景资料：

A公司承包某项目的机电工程，工程内容有建筑给水排水、建筑电气和通风空调工程等。工程设备、材料由A公司采购。A公司经业主同意后，将室内给水排水及照明工程分包给B公司施工。A公司进场后，依据项目施工总进度计划和施工方案，编制了设备、材料采购计划，并及时订立了材料采购合同。在材料送达施工现场时，施工人员按验收工作的规定，对材料进行验收，还对重要材料进行了复检，均符合要求。

B公司依据本公司的人力资源现状，编制了照明工程和室内给水排水施工作业进度计划（表1），工期为122d。该计划被A公司否定，要求B公司修改施工作业进度计划，加快进度。B公司在工作持续时间不变的情况下，将排水、给水管道施工的开始时间提前到6月1日，增加施工人员，使室内给水排水和照明工程按A公司要求完工。在工程质量验收中A公司指出水泵管道接头和压力表安装存在质量问题（图2），要求B公司组织施工人员进行返工，返工后质量验收合格。

表1　照明工程和室内给水排水施工作业进度计划

序号	工作内容	6月			7月			8月			9月		
		1	11	21	1	11	21	1	11	21	1	11	21
1	照明管线施工	━━	━━	━━	━━								
2	灯具安装					━━							
3	开关、插座安装						━━						
4	通电、试运行验收							━					
5	排水、给水管道施工				━━	━━	━━						
6	水泵房设备安装							━━	━━				
7	卫生器具安装										━━		
8	给水排水系统试验、验收												━

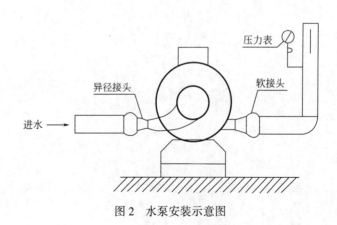

图2　水泵安装示意图

问题：

1. 在履行材料采购合同中，材料交付时应把握好哪些环节？
2. 材料进场时应根据哪些文件进行材料数量和质量的验收？要求复检的材料应有什么报告？
3. B公司编制的施工作业进度计划为什么被A公司否定？修改后的施工作业进度计划工期为多少天？这种表示方式的施工作业进度计划有哪些欠缺？
4. 图2中安装的水泵在运行中会有哪些不良后果？B公司应如何进行返工？

(三)

背景资料：

某工程公司采用 EPC 方式承包一供热站安装工程。工程内容包括：换热器、疏水泵、管道、电气及自动化安装等。

工程公司成立采购小组，根据工程施工进度、关键工作和主要设备进场时间采购设备、材料等物资，保证设备、材料采购与施工进度合理衔接。

疏水泵联轴器为过盈配合件，施工人员在装配时，将两个半联轴器一起转动，每转180°测量一次，并记录2个位置的径向位移值和位于同一直径两端测点的轴向位移值。质量部门对此提出异议，认为不符合规范要求，要求重新测量。

为加强施工现场的安全管理，及时处置突发事件，工程公司升级了生产安全事故应急救援预案，并进行了应急预案的培训、演练。

压力取源部件到货后，工程公司进行压力取源部件的安装。压力取源部件的取压点选择范围如图3所示，温度取源部件在管道上开孔焊接安装如图4所示，在准备系统水压试验时，温度取源部件的安装被监理单位要求整改。

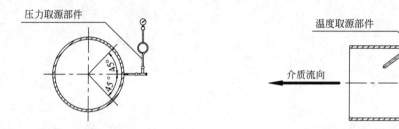

图 3 压力取源部件的取压点选择范围示意图　　图 4 温度取源部件安装示意图

问题：

1. 本工程中，工程公司应当多长时间组织一次现场处置方案演练？现场处置方案包括哪些内容？

2. 图3中压力取源部件的取压点范围适用于何种介质管道？说明温度取源部件安装被监理单位要求整改的理由。

3. 联轴器采用了哪种过盈装配方法？质量部门提出异议是否合理？写出正确的要求。

4. 安排机电设备采购时，要从哪些方面分析利弊？

(四)

背景资料：

A施工单位中标北方某石油炼化项目。项目的冷换框架采用模块化安装，将整个冷换框架分成4个模块，最大一个模块重132t，体积尺寸为12m×18m×26m，并在项目旁设立预制厂，进行模块的钢结构制作、换热器安装、管道敷设、电缆桥架安装和照明灯具安装等。由项目部对模块制造的质量、进度、安全等方面进行全过程管理。

A施工单位项目部进场后，策划了节水、节地的绿色施工内容，组织单位工程的施工阶段绿色施工评价。对预制厂的模块制造进行了危险性识别，识别了触电、物体打击等风险，监理工程师要求项目部完善策划。

在气温-18℃时，订购的低合金钢材料运抵预制厂。项目部质检员抽查了材料质量，并在材料下料切割时，抽查了钢材切割面有无裂纹和大于1mm的缺棱，对变形的型材，在露天进行冷矫正。项目部质量经理发现问题后，及时进行了纠正。

模块制造完成后，采用1台750t履带起重机和1台250t履带起重机及平衡梁的抬吊方式安装就位。

模块建造费用见表2，项目部用赢得值法分析项目的相关偏差，指导项目运行，经过4个月的紧张施工，单位工程陆续具备验收条件。

表2 模块建造费用

建造费用	第一个月底时累计（万元）	第二个月底时累计（万元）	第三个月底时累计（万元）	第四个月底时累计（万元）
已完工程预算费用	600	960	1350	1680
计划工程预算费用	550	950	1500	1700
已完工程实际费用	660	1080	1580	1760

问题：

1. 项目部的绿色施工策划还应补充哪些内容？单位工程施工阶段的绿色施工评价由谁组织？并有哪些单位参加？

2. 项目部还应在预制厂识别出模块制造时的哪些风险？

3. 在型钢矫正和切割面检查方面有什么不妥和遗漏之处？吊装作业中的平衡梁有何作用？

4. 第二月底到第三月底期间，项目进度超前还是落后了多少万元？此期间项目盈利还是亏损了多少万元？

考前冲刺试卷（三）参考答案及解析

一、单项选择题

1. D；	2. C；	3. B；	4. C；	5. B；
6. B；	7. C；	8. B；	9. D；	10. D；
11. C；	12. C；	13. D；	14. D；	15. D；
16. C；	17. A；	18. D；	19. A；	20. D。

【解析】

1. D。本题考核的是建筑供暖系统调试和检测。供暖分汽缸（分水器、集水器）安装前应进行水压试验，试验压力为工作压力的1.5倍，但不得小于0.6MPa。

2. C。本题考核的是柔性导管敷设要求。动力工程柔性导管长度不宜大于0.8m，因此A选项错误。

照明工程柔性导管长度不宜大于1.2m，因此B选项错误。

镀锌钢导管、可弯曲金属导管和金属柔性导管连接处的两端宜用专用接地卡固定保护联结导体，因此C选项正确。

金属柔性导管不应作为保护导体的接续导体，因此D选项错误。

3. B。本题考核的是洁净风管系统安装技术。B选项错误，清洗干净、包装密封的风管及部件，安装前不得拆除包装。

4. C。本题考核的是建筑智能化系统工程设备、材料采购和验收。在设备、材料的采购中要明确智能化系统承包方和被监控设备承包方之间的设备供应界面划分，因此A选项错误。

进口设备验收过程中应提供原产地证明、商检证明、质量合格证明、检测报告、安装使用及维护说明书的中文文本，因此B选项错误。

设备的质量检测重点应包括安全性、可靠性及电磁兼容性等项目，因此D选项描述错误。

5. B。本题考核的是曳引式电梯安装中的土建交接检验要求。井道内应设置永久性电气照明，井道照明电压宜采用36V安全电压，井道内照度不得小于50lx，井道最高点和最低点0.5m内应各装一盏灯，中间灯间距不超过7m，并分别在机房和底坑设置控制开关。

6. B。本题考核的是消火栓系统施工程序。消火栓系统施工程序：施工准备→干管安装→支管安装→箱体安装固定→附件安装→管道试压→冲洗→系统调试。

7. C。本题考核的是消防验收形式。消防工程的主要设施已安装调试完毕，仅留下室内精装修时，对安装的探测、报警、显示和喷头等部件的消防验收，称为粗装修消防验收。粗装修消防验收属于消防设施的功能性验收。验收合格后，建筑物尚不具备投入使用的条件。

8. B。本题考核的是机械设备固定方式。（1）固定地脚螺栓：它与基础浇灌在一起，用来固定没有强烈振动和冲击的设备。（2）活动地脚螺栓：是一种可拆卸的地脚螺栓，用于固定工作时有强烈振动和冲击的重型机械设备。（3）部分静置的简单设备或辅助设备有时采用胀锚地脚螺栓的连接方式。（4）粘接地脚螺栓是近些年应用的一种地脚螺栓，其方法和要求与胀锚地脚螺栓基本相同。在粘接时应把孔内杂物吹净，并不得受潮。

9. D。本题考核的是工业管道阀门的安装。法兰或螺纹连接时阀门应关闭，因此 A 选项错误。

安全阀门应垂直安装，因此 B 选项错误。

焊接连接时阀门应设置在开启状态，因此 C 选项错误。

按介质流向确定其安装方向，因此 D 选项正确。

10. D。本题考核的是输电线路的防雷措施。（1）架设接闪线：使雷直接击在接闪线上，保护输电导线不受雷击。（2）降低杆塔的接地电阻：可快速将雷电流泄入地下，不使杆塔电压升太高，避免绝缘子被反击而闪络。（3）装设自动重合闸：预防雷击造成的外绝缘闪络使断路器跳闸后的停电现象。（4）装设管型接闪器或放电间隙：以限制雷击形成过电压。

11. C。本题考核的是绝热结构设置伸缩缝。A 选项错误，两固定管架间水平管道的绝热层应至少留设一道伸缩缝。B 选项错误，设备或管道采用硬质绝热制品时，应留设伸缩缝。D 选项错误，立式设备及垂直管道，应在支承件、法兰下面留设伸缩缝。

12. C。本题考核的是金属结构制作要求。A 选项错误，碳素结构钢在环境温度低于 $-16℃$ 时，不应进行冷矫正和冷弯曲。

B 选项错误，低合金结构钢在加热矫正时，加热温度应为 $700\sim800℃$，最低温度不得低于 $600℃$，因此 $600℃$ 是最低温度，而不是推荐温度。

D 选项错误，低合金结构钢在加热矫正后应自然冷却，而不是立即进行强制冷却。

13. D。本题考核的是凝汽器内部设备、部件的安装。凝汽器内部设备、部件的安装包括管板、隔板冷却管束的安装、连接。凝汽器组装完毕后，汽侧应进行灌水试验。灌水高度宜在汽封洼窝以下 100mm，维持 24h 应无渗漏。已经就位在弹簧支座上的凝汽器，灌水试验前应加临时支撑。灌水试验完成后应及时把水放净。

14. D。本题考核的是砌筑工程冬期施工措施。D 选项错误，调制耐火浇注料的水可以加热。

15. D。本题考核的是施工合同风险的主要表现形式。施工合同风险的主要表现形式包括：

（1）合同主体不合格。

（2）合同订立或招标投标过程违反建设工程的法定程序。

（3）合同条款不完备或存在着单方面的约束性。

（4）签订固定总价合同或垫资合同的风险。

（5）业主违约，拖欠工程款。

（6）履约过程中的变更、签证风险。

（7）业主指定分包单位或材料供应商所带来的合同风险。

16. C。本题考核的是施工成本控制的内容。施工成本控制的内容包括以项目施工成本形成过程作为控制对象，以项目施工的职能部门、作业队组作为成本控制对象，以分部分项工程作为项目成本的控制对象。

17. A。本题考核的是绿色施工要求。管道的加工优先采用工厂化预制，因此 A 选项正确。除锈、防腐宜在工厂内完成，因此B选项错误。

管道试验及冲洗用水应有组织排放，处理后重复利用，因此C选项错误。

线路连接宜采用免焊接头和机械压接方式，因此D选项错误。

18. D。本题考核的是机电工程无损检测人员要求。无损检测人员资格要求：一是从事无损检测的人员，必须经资格考核，取得相应的资格证；二是持证人员的资格证书有效期以相关主管部门规定为准，因此A选项说法错误。

无损检测Ⅰ级人员可进行无损检测操作，记录检测数据，整理检测资料，因此B选项说法错误。

无损检测Ⅱ级人员可根据无损检测工艺规程编制针对具体工件的无损检测操作指导书，按照规范、标准规定，评定检测结果，编制或者审核无损检测报告，因此C选项说法错误。

无损检测Ⅲ级人员可根据标准编制和审核无损检测工艺，确定用于特定对象的特殊无损检测方法、技术和工艺规程，对无损检测结果进行分析、评定或者解释，因此D选项说法正确。

19. A。本题考核的是水源调试和测试要求。A选项错误：消防储水应有不作他用的技术措施。

20. D。本题考核的是工程回访。冬季回访：如冬季回访锅炉房及供暖系统运行情况。夏季回访：如夏季回访通风空调制冷系统运行情况。

二、多项选择题

21. C、D、E；   22. B、C、D；   23. A、C；
24. A、B、C、E；   25. B、C；   26. A、D、E；
27. A、C；   28. A、B、C；   29. A、B、C；
30. A、B。

【解析】

21. C、D、E。本题考核的是非合金钢的分类。非合金钢按钢的含碳量分类，可分为低碳钢、中碳钢、高碳钢。A选项属于非合金钢按钢的用途分类，B选项属于非合金钢按钢的主要质量等级分类。

22. B、C、D。本题考核的是风机的主要性能参数。风机的主要性能参数有：流量（又称为风量）、全风压、动压、静压、功率、效率、转速、比转速等。E选项属于压缩机的性能参数，A选项属于泵的性能参数。

23. A、C。本题考核的是光学经纬仪的应用。光学经纬仪（如苏光J2经纬仪等），它的主要功能是进行纵、横轴线（中心线）以及垂直度的控制测量等。

24. A、B、C、E。本题考核的是管道工程施工测量的准备工作。管道工程施工测量的准备工作：熟悉设计图纸资料；勘察施工现场；绘制施测草图；确定施测精度。

25. B、C。本题考核的是吊装方案实施要点。专项施工方案应当由施工单位技术负责人审核签字、加盖单位公章，并由总监理工程师审查签字、加盖执业印章后方可实施。危险性较大的分部分项工程实行分包并由分包单位编制专项施工方案的，专项施工方案应当由总承包单位技术负责人及分包单位技术负责人共同审核签字并加盖单位公章。A选项容易选错，是总承包单位技术负责人，不是项目技术负责人。

26. A、D、E。本题考核的是焊条选用原则。对结构形状复杂、刚性大的厚大焊件，在焊接过程中，冷却速度快，收缩应力大，易产生裂纹，应选用抗裂性好、韧性好、塑性高、氢致裂纹倾向低的焊条，因此本题选 A、D、E。

27. A、C。本题考核的是焊缝内部无损检测。焊缝内部无损检测方法：射线检测、超声检测。焊缝表面无损检测可选用磁粉检测或渗透检测方法。涡流探伤检测范围广泛，适用于各种尺寸和形状的零件，包括但不限于圆形零件（如管材、棒材、线材等）、方形和矩形零件（如钢板、钢管、铝板等）、管道和容器等复杂形状的零件，以及其他形状的零件（如椭圆形、三角形、梯形等）。涡流探伤仪的应用领域包括军工、航空、铁路、工矿企业等。

28. A、B、C。本题考核的是 A 类计量器具范围。施工企业最高计量标准器具和用于量值传递的工作计量器具：一级平晶、零级刀口尺、水平仪检具、直角尺检具、百分尺检具、百分表检具、千分表检具、自准直仪、立式光学计、标准活塞式压力计等。D、E 选项为列入国家强制检定目录的工作计量器具。

29. A、B、C。本题考核的是工程建设用电申请资料。新建工程在立项阶段，用户应与供电企业联系，就工程供电的可能性、用电容量和供电条件等达成意向性协议，方可定址、确定项目。

30. A、B。本题考核的是水压试验、通水试验的规定。钢包精炼转炉的炉盖水冷系统、电极夹持头水冷系统必须按设计技术文件的规定进行水压试验及通水试验。

三、实务操作和案例分析题

（一）

1. 对后续工作有影响，理由：空调设备安装超出计划 6d，大于该项工作的自由时差 3d，故对后续工作有影响。

对总工期没有影响，理由：空调设备安装超出计划 6d，小于该项工作的总时差 8d，故对总工期没有影响。

本案例中，项目部通过采用 CFD 模拟技术缩减了 3d 空调系统调试时间，属于施工进度控制主要措施中的技术措施。

2. 通风空调专业与建筑智能化专业之间的配合包含以下内容：

（1）空调风管、水管、给水排水专业、电气专业及建筑智能等机电专业之间的管道、桥架、电缆等是否产生干涉。

（2）各系统设备接线的具体位置是否与电气动力配线出线位置一致。

（3）各机电专业为楼宇自控系统提供相关参数。其他机电设备订货前积极与建筑智能系统承包商协调，确认各个信号点及控制点接口条件，保证各接口点与系统的信号兼容，保障楼宇系统方案的实现。

（4）协助楼宇自控系统安装单位的电动阀门、风阀驱动器和传感器的安装。

3. 矩形风管内弧形弯头设置导流片的作用：减少风管局部阻力和噪声。

4. 空调冷热水管道安装存在的质量问题及整改：

问题一：管道穿楼板的钢制套管顶部与装饰面齐平。

整改：管道穿楼板的钢制套管顶部应高出装饰面 20~50mm，且不得将套管作为管道支撑。

问题二：管道穿楼板套管采用阻燃填料封堵。
整改：应采用不燃材料封堵。
问题三：热水管在冷水管的下方。
整改：热水管应设置在冷水管的上方。
问题四：冷热水管道与吊架直接接触。
整改：冷热水管道与吊架间增设隔热衬垫。

（二）

1. 把握好材料采购合同的履行环节，主要包括：材料的交付、交货检验的依据、产品数量的验收、产品的质量检验、采购合同的变更等。

2. （1）材料进场时应根据进料计划、送料凭证、质量保证书或产品合格证，进行材料的数量和质量验收。

（2）要求复检的材料应有取样送检证明报告；对不符合计划要求或质量不合格的材料应拒绝接收。

3. （1）B公司编制的施工作业进度计划被A公司否定的原因是：B公司在编制作业进度计划时，未充分考虑给水排水工程和建筑电气工程之间衔接的逻辑关系，工期安排不合理。

（2）修改后的施工作业进度计划工期为92d。

（3）这种表示方式的施工作业进度计划有以下欠缺：

①不能反映工作的逻辑关系；②不能反映出工作所具有的机动时间；③不能明确地反映出影响工期的关键工作、关键线路和工作时差；④不利于施工进度的动态控制。

4. （1）图2中安装的水泵在运行中会有的不良后果：①水泵进水口采用同心异径管，会使水泵工作时进气，产生气蚀破坏水泵叶轮；②压力表上没有设置三通旋塞阀，如压力表损坏不方便进行更换。

（2）B公司应这样返工：①水泵进水口的异径接头应采用偏心异径管；②压力表上应安装三通旋塞阀。

（三）

1. 本工程中，工程公司应当每半年组织一次现场处置方案演练。

现场处置方案是生产经营单位根据不同事故类别，针对具体的场所、装置或设施所制定的应急处置措施，主要包括应急工作职责、应急处置和注意事项等内容。

2. 压力取源部件取压点范围适用于蒸汽介质管道。

温度取源部件安装被监理单位要求整改的理由：

（1）在温度取源部件安装示意图中，温度取源部件顺着物料流向安装，是不正确的。正确的做法是：温度取源部件与管道呈倾斜角度安装，宜逆着物料流向，取源部件轴线应与管道轴线相交。

（2）在温度取源部件安装示意图中，温度取源部件在管道的焊缝上开孔焊接，是不正确的。正确的做法是：安装取源部件时，不应在设备或管道的焊缝及其边缘上开孔焊接。

3. 联轴器采用了加热装配法。

质量部门提出异议是合理的。

正确的要求：将两个半联轴器一起转动，应每转90°测量一次，并记录5个位置的径向位移测量值和位于同一直径两端测点的轴向测量值。

4. 安排机电设备采购时，要从贷款成本、集中采购、分批采购等方面分析利弊。

（四）

1. （1）项目部的绿色施工策划还应补充：节能、节材、环境保护。

（2）单位工程施工阶段的绿色施工评价应由监理单位组织，并由建设单位和项目部参加。

2. 项目部还应在预制厂识别出模块制造时的下列风险：

高处坠落、吊装作业、脚手架作业、射线损伤。

3. （1）在型钢矫正和切割面检查方面的不妥和遗漏之处：

低合金结构钢低于-12℃以下，不可采用冷矫正。钢材切割面应无裂纹、夹渣、分层等缺陷和大于1mm的缺棱，并应全数检查。

（2）吊装作业中的平衡梁的作用：保持被吊件的平衡，避免吊索损坏设备；减少吊件起吊时所承受水平向挤压力作用而避免损坏设备；缩短吊索的高度，减少动滑轮的起吊高度；构件刚度不满足而需要多吊点起吊受力时平衡和分配各吊点载荷；转换吊点。

4. 根据表2模块建造费用：

$BCWP = 1350 - 960 = 390$ 万元

$BCWS = 1500 - 950 = 550$ 万元

$ACWP = 1580 - 1080 = 500$ 万元

$SV = BCWP - BCWS = 390 - 550 = -160$ 万元，第二月底到第三月底期间，项目进度落后160万元。

$CV = BCWP - ACWP = 390 - 500 = -110$ 万元，此期间项目亏损110万元。